Rudolf Soltes

Briófitas de sítios importantes nos Cárpatos Orientais, Eslováquia

AF625192

Rudolf Soltes

Briófitas de sítios importantes nos Cárpatos Orientais, Eslováquia

Zonas Especiais de Conservação, fitogeografia, ameaça

ScienciaScripts

Imprint

Any brand names and product names mentioned in this book are subject to trademark, brand or patent protection and are trademarks or registered trademarks of their respective holders. The use of brand names, product names, common names, trade names, product descriptions etc. even without a particular marking in this work is in no way to be construed to mean that such names may be regarded as unrestricted in respect of trademark and brand protection legislation and could thus be used by anyone.

Cover image: www.ingimage.com

This book is a translation from the original published under ISBN 978-620-2-07105-5.

Publisher:
Sciencia Scripts
is a trademark of
Dodo Books Indian Ocean Ltd. and OmniScriptum S.R.L publishing group

120 High Road, East Finchley, London, N2 9ED, United Kingdom
Str. Armeneasca 28/1, office 1, Chisinau MD-2012, Republic of Moldova, Europe
Printed at: see last page
ISBN: 978-620-8-25812-2

Copyright © Rudolf Soltes
Copyright © 2024 Dodo Books Indian Ocean Ltd. and OmniScriptum S.R.L publishing group

CONTEÚDO

CAPÍTULO 1

PREFÁCIO

A colina do castelo de Brekov, a colina de Humenne Sokol, o caudal superior do riacho Vyrava, a fénix minerotrófica Lazky e os prados húmidos Hostovicke luky (Fig. 1) foram incluídos numa zona especial de conservação (ZEC), definida na Diretiva Habitats da União Europeia (92/43/CEE).

Do ponto de vista briológico, os sítios em questão são pouco conhecidos. Os primeiros registos brioflorísticos dos Cárpatos Orientais foram feitos por Chyzer (1905), médico e naturalista, nascido em Bardejov (1836-1909). Publicou 51 espécies de briófitas das imediações de Snina, mas não havia registos de Zonas Especiais de Conservação transformadas. Na primeira metade do século passado, os briófitos dos Cárpatos Ocidentais foram estudados pelo briólogo amador Bauer (1941). No entanto, Bauer não registou qualquer ocorrência nas Zonas Especiais de Conservação. As zonas transformadas nunca foram centros de interesse para os briólogos, o centro de interesse foi sempre a atraente Bukovske vrchy. Apenas alguns briólogos trabalharam na área de interesse. Peciar (1970, 1985) trabalhou nas Áreas Especiais de Conservação processadas - Colina do Castelo de Brekov, Colina de Humenne Sokol e fluxo superior do riacho Vyrava. Duda & Vana (1979) publicaram a hepática *Porella platyphylla* do Humenne Sokol. Um inventário briológico mais completo do Humenne Sokol foi efectuado por Pujmanova et al. (1990), totalizando 19 espécies. Recentemente, Soltes e Zubal'ova (2015) efectuaram uma investigação briológica nos sítios da colina do castelo de Brekov e da colina de Humenne Sokol.

Na Eslováquia, em 1998, foram contadas 901 espécies de briófitas, das quais 225 espécies de hepáticas, 2 espécies de Anthoceros e 674 espécies de musgos. Um número relativamente elevado de espécies está na lista vermelha, 60 espécies estão listadas como ameaçadas e 57 espécies estão listadas como vulneráveis (Kubinska & Janovicova, 1998). Numa superfície de 49.000 km^2 , a Eslováquia é um país pequeno. Uma grande parte da fronteira é constituída pela cordilheira dos Cárpatos, pelo que o influxo de propágulos que contrariam o risco de extinção é muito reduzido. A causa da ameaça aos briófitos é a redução do tamanho da população, a fragmentação do sítio e a alteração da qualidade do sítio. Estas tendências desfavoráveis são causadas por actividades agrícolas - sobrepopulação de gado, eutrofização dos locais, actividades florestais - florestação de zonas húmidas, alterações ambientais globais - aquecimento e, potencialmente, também imissões. Mas o maior impacto reside nas alterações do regime hídrico causadas pela atividade económica do homem (drenagem, extração de turfa). No passado, a este respeito, foram causados graves danos aos briófitos na Eslováquia. Muitos sítios de espécies raras de briófitos desapareceram, por exemplo, o sítio Drepanocladus trifarius na bacia de Liptov, perto da aldeia de Vavrisovo, ou na bacia de Orava, perto da aldeia de Bobrov. Desapareceram também mais sítios de Cinclidium stygium, por exemplo, na bacia do Orava, devido à melhoria dos prados húmidos entre as aldeias de Tapesovo e Lokca. O sítio de Scorpidium scorpioides foi destruído pela melhoria dos prados húmidos perto da aldeia de Vavrisovo. O sítio da mesma espécie desapareceu perto da aldeia de Bobrov, mas a razão foi, desta vez, a extração de turfa.

Na Eslováquia, foram registadas as seguintes briófitas protegidas da Europa: Buxbaumia viridis, Dicranum viride, Hamatocaulis vernicosus, Mannia triandra, Meesia longiseta, Ochyraea tatrensis, Scapania massalongoi, Tortella rigens. A Buxbaumia viridis está documentada de forma fiável, ocorre em cepos ou troncos em decomposição de árvores coníferas. Nas bases dos troncos de árvores de folha caduca, mais frequentemente faia e tília, ocorre raramente Dicranum viride, a espécie está documentada de forma fiável na Eslováquia. Em pântanos ricos em minerais com baixo teor de cálcio cresce Hamatocaulis vernicosus. Recentemente, foram registados mais locais novos desta espécie. A espécie Mannia triandra foi registada em fissuras sombrias de rochas calcárias. Recentemente, a espécie foi confirmada. A espécie Meesia longiseta foi registada em prados húmidos, não tendo sido confirmada recentemente. A hepática Scapania massalongoi cresce em madeira em decomposição de árvores de folha caduca e coníferas em habitats húmidos, não tendo sido confirmada recentemente. A Tortella rigens cresce em fissuras húmidas das rochas básicas, tendo a espécie sido registada em toda a região de Tatra. Ochyraea tatrensis é um briófito protegido da Europa e uma espécie endémica da Eslováquia, sendo que Ochyraea é um dos sete géneros endémicos da Europa. A espécie cresce em rochas graníticas em riachos de montanha de curso rápido da zona subalpina ou alpina no Vale de Vajskovska dolina (Locus Classicus), Baixo Tatra Mts, 1,670 m a.s.l., 48'55,283'; 19'31,233'. Vana (1986) registou alguns cachos numa secção de riacho com cerca de 10 m. Espécie em declínio, de acordo com Vana (Somogyi. 1999), era mais abundante no locus classicus na altura da descoberta do que em 1999. Atualmente, a espécie não foi confirmada, mas não foi feito um esforço suficiente para a reconfirmação da espécie. Foram descobertos novos locais em Low Tatra Mts: (a) Vale de Krizska dolina, 1.700 m a.s.l., alguns cachos em secção de riacho de aproximadamente 10 m (Somogyi, 1999), (b) Vale de Zadna Voda, 1.600 m a.s.l. Somogyi (1999) encontrou apenas alguns cachos numa parte muito curta do riacho. Outra espécie endémica, *Brachythecium vanekii*, é uma espécie relíquia dos glaciares, ocorre dispersa em rochas de milonite nos Altos Tatras e nos Tatras Ocidentais na zona alpina, e só raramente sobe até ao nível subnivale (acima de 2.300 m a.s.l.). A espécie é provavelmente mais comum, mas ignorada pelos briólogos. A área da espécie é altamente fragmentada. Apenas duas espécies endémicas de briófitos foram registadas na Eslováquia. Os níveis de endemismos nos briófitos são mais baixos do que nas plantas vasculares, porque os seus mecanismos de dispersão são muito eficazes e porque tendem a crescer em micro-habitats e microclimas que podem ocorrer numa vasta gama de macro-habitats e macroclimas (Hodgetts, 1996).

CAPÍTULO 2

SÍTIOS DE INTERESSE BRIOLÓGICO NA ESLOVÁQUIA

Existem mais sítios de interesse briológico na Eslováquia, sendo os mais significativos os montes Tatra, Mala Fatra, Muranska planina, Nizke Tatry, Pieniny, Slovak Karst, Slovak Paradise e os Cárpatos Orientais (Soltes & Vana, 1995).

Os Altos Tatras (Parque Nacional dos Altos Tatras)

Os Montes Tatra são a cordilheira mais alta não só da Eslováquia, mas também de todos os Cárpatos, atingindo 2.655 m de altitude (Monte Gerlach). A extensão do local é de 510 km^2 , a maior parte da área é granítica, apenas em partes mais pequenas predominam o calcário ou a dolomite. Até 1.550 m de altitude, a vegetação é dominada por florestas de abetos noruegueses (Picea abies), que passam para a floresta subalpina de pinheiros anões (Pinus mugo) e em 1.750 m de altitude mudam para prados alpinos, acima de 2.300 m de altitude desenvolve-se o relevo escarpado da zona sub-nivale. Cerca de 800 espécies de briófitas foram registadas nos Montes Tatra.

MaSa Matra Mts (Parque Nacional de Mala Fatra)

Mala Fatra Mts atinge a altura de 1.709 m a.s.l. (VeFky Krivan Mt). A base geológica é constituída por granito, calcário, dolomite e arenito. A extensão do sítio é de 226 km^2 , a cobertura vegetal nas posições mais baixas forma florestas, dominadas por faias, abetos e abetos, e nas posições mais altas a cobertura vegetal é constituída por pinheiros anões e prados alpinos. A brioflora é rica, existem espécies ártico-alpinas, bem como espécies termófilas.

Murdnska planina (Parque nacional de Murdnska planina)

O planalto de Muranska planina atinge uma altura de 1.439 m de altitude (Monte Fabova hol'a). A base geológica é constituída por calcário e dolomite (219 km^2). A maior parte da área está coberta por florestas, no vale da dolina de Hrdzava desenvolve-se uma turfeira. Foram registadas 280 espécies de briófitas no planalto de Muranska planina.

Motas ***de Nizke*** *Talry (Parque Nacional dos Baixos Tatras)*

A topografia e a geologia apresentam uma grande diversidade. Numa superfície de 720 km^2 , o granito, a dolomite, o calcário e o mica-xisto formam um mosaico. O ponto mais alto deste maior parque nacional é o Monte Dumbier (2.043 m a.s.). Mais de 500 espécies de briófitas foram contadas nos Baixos Montes Tatra.

Pieniny (Parque Nacional de Pieniny)

Pieniny é um maciço montanhoso, incluindo o vale do desfiladeiro de Dunajec com florestas adjacentes (22 km^2). O ponto mais alto é o skalky de Vysoke (1.050 m.a.s.l.). De um ponto de vista geológico, Pieniny faz parte da zona Klippen dos Cárpatos. Cerca de 260 espécies de briófitas foram registadas em Pieniny.

Slooensky (ras (Parque nacional do Karst eslovaco)

Slovensky kras atinge uma altura de 925 m a.s.l. (Monte Matesova skala). O território é representado por 346 km^2 de carste e dolomite, composto por vales, bacias e planaltos. O carvalho *(Quercus pubescens)* domina os bosques e o abeto encontra-se disperso. É significativa a presença de comunidades vegetais termofílicas.

Slovensky raj (Parque Nacional do Paraíso Eslovaco)

Slovensky raj é uma área de 198 km^2 de floresta mista, constituída por desfiladeiros profundos, quedas de água, bacias e planaltos elevados. O ponto mais alto é o monte Boroviak (1.272 m de altitude). Foram contadas 348 espécies de briófitas no Slovensky raj (Soltes, 1999), encontrando-se comunidades termofílicas em habitats adequados.

Cárpatos Orientais (Área de Paisagem Protegida dos Cárpatos Orientais, Parque Nacional Poloniny)

A maior parte da área florestal é constituída pelas montanhas Bukovske vrchy, em parte pelas terras altas de Laborecka vrchovina e pelas colinas orientais de Beskydske, atingindo uma altitude de 1.221 m a.s.l. no monte Kremenec. A faia *(Fagus sylvatica)* é a espécie predominante, ocorrendo também abetos. Fora da área arborizada, existem prados de montanha a maior altitude. A base geológica é constituída por argilas, flysch e arenitos. Foram registadas 375 espécies de briófitas nos Cárpatos Orientais (Soltes &

Buraf, 2012).

CAPÍTULO 3

MÉTODOS

O trabalho de campo foi efectuado em 2014 - 2015. Cinco Áreas Especiais de Conservação foram processadas de um ponto de vista briológico (Fig. 1). Algumas das Áreas Especiais de Conservação elaboradas fazem parte da Área de Paisagem Protegida dos Cárpatos Orientais (fluxo superior do riacho Vyrava, pântano minerotrófico Lazky, prados húmidos Hostovicke luky), as outras duas áreas - Colina Brekov e Colina Humenne Sokol estão fora da Área de Paisagem Protegida. As espécies das zonas especiais de conservação estão ordenadas por ordem alfabética, separadamente das hepáticas e dos musgos. A análise fitogeográfica baseia-se nos trabalhos de Diill (1994a, 1994b) e Dull & Meinunger (1989). As coordenadas geográficas e a altitude foram registadas utilizando o sistema WGS 84, aparelho GPS GARMIN DACOTA 20. A nomenclatura das briófitas segue Kucera et al. (2012) ou, para as não incluídas nesta lista, Hill et al. (2006), as categorias de ameaça seguem Kubinska et al. (2001). Para a análise estatística, foi utilizado o pacote CANOCO 4.5 para Windows (Ter Break & Smilauer, 2002). A PCA foi utilizada para analisar os tipos de áreas em relação aos habitats principais, uma vez que dispúnhamos apenas de um único conjunto de dados de variáveis.

Os espécimes de herbário estão depositados na Administração da Área de Paisagem Protegida, em Medzilaborce. O trabalho foi efectuado a pedido da Administração da Área de Paisagem Protegida, Medzilaborce.

Fig. 1. Localização das Zonas Especiais de Conservação nos Cárpatos Orientais. 1- Colina do Castelo de Brekov, 2 - Colina de Humenne Sokol, 3 - Prados húmidos de Hostovicke luky, 4 - Pântano minerotrófico de Lazky, 5 - Caudal superior do riacho Vyrava.

CAPÍTULO 4

RESULTADOS

4.1 Colina do Castelo de Brekov (Fig. 2)

Fig. 2. Colina do Castelo de Brekov, as ruínas do topo

O tipo de área dominante é o temperado (Fig. 3). A copa da floresta é dominada pela carpa (Carpinus betulus), com uma população mais pequena de carvalhos (Quercus petraea), faias (Fagus sylvatica), pinheiros mansos (Pinus sylvestris) e outras árvores. As encostas orientais são ricamente cobertas por arbustos como o abrunheiro (Prunus spinosa), o ligustro (Ligustrum vulgare), a roseira brava (Rosa canina), o zimbro (Juniperus communis), os cornalheiros (Swida australis e Cornus mas), a bérberis (Berberis vulgaris), o fusário (Euonymus europaeus), o espinheiro (Rhamnus catharticus), entre outros.

Ecossistemas significativos para a ocorrência de briófitos na Colina do Castelo de Brekov: O solo nos ecossistemas florestais suporta os briófitos *Metzgeria furcata, Atrichum undulatum* e outros. A casca das árvores mais velhas no ecossistema florestal constitui um habitat para *Metzgeria furcata, Alleniella complanata* e outras. Os penhascos e as rochas mesozóicas do interior dos Cárpatos constituem um substrato adequado para briófitos calcífilos. As pedras iluminadas pelo sol são ocupadas por *Abietinella abietina, Encalypta streptocarpa* e outras. Nos detritos calcários cresce *Mannia fragrans* e nas rochas calcárias sombreadas crescem *Alleniella complanata, Homomallium incurvatum* e outras. A caraterística dominante acima da aldeia de Brekov são as ruínas do castelo, no ponto mais alto do território, a 280 m de altitude, habitat de espécies como *Anomodon viticulosus, Encalypta streptocarpa* e outras. Nos locais pisoteados ou degradados ocorrem *Bryum caespiticium, Ceratodon purpureus* e outros. Os caminhos de acesso ao castelo albergam espécies como *Rhytidiadelphus squarrosus, Abietinella abietina* e outras.

Hepaticopsida

Mannia fragrans (Balb.) Frye et L. Clark

Calcários xerotérmicos, raramente. A hepática foi recolhida por Peciar (1970) na encosta sul da serra, sob as ruínas de um castelo, em detritos de rochas calcárias.

Coleção: Sob as ruínas de um castelo, pedras calcárias 48°54,143'; 21°50,020', 240 m a.s.l., 3 de setembro de 2014.

Metzgeria furcata (L.) Dumort

No solo e na casca de árvores de diferentes espécies, com bastante frequência.

Coleção: Sob as ruínas de um castelo, solo, 48°54,143'; 21°50,020\ 240 m a.s.l., 3 de setembro de 2014.

Muscopsida

Abietinella abietina (Hedw.) M. Fleisch.

Habitats secos em zonas quentes, frequentes em calcários iluminados pelo sol.

Coleção: Sob as ruínas de um castelo, pedras calcárias, 48°54,143'; 21°49,976', 250 m a.s.l., 3 de setembro de 2014.

Alleniella complanata (Hedw.) S. Olsson, Enroth et D. Quandt

Syn. *Neckera complanata* (Hedw.) Huebener

Rochas calcárias à sombra, cascas de troncos de árvores, dispersas.

Coleção: Epífita em *Crataegus,* 48°54,115'; 21°49,879', 253 m a.s.l., 14 de julho de 2014.

Amblystegium serpens (Hedw.) Schimp.

Solo, madeira, pedras em locais com sombra, frequentemente.

Coleção: A madeira apodrecida, 48° 54,202'; 21°49,859', 215 m a.s.l., 14 de julho de 2014.

Anomodon viticulosus (Hedw.) Hook. et Taylor

Pedras, bases de árvores, troncos de árvores, abundantes.

Coleção: Ruínas no castelo, mais sítios 257 - 260 m a.s.l. e calcários sob o castelo, 48° 54,126'; 21° 49,870', 250 m a.s.l., 14 de julho de 2014.

Atrichum undulatum (Hedw.) P. Beauv

O solo nos ecossistemas florestais, muitas vezes.

Coleção: O solo na calçada, 48°54,019'; 21°50,170', 165 m a.s.l., 3 de setembro de 2014.

Aulacomnium , palustre (Hedw.) Schwaegr. (Anexo 1)

Solo húmido, raramente na zona tratada.

Coleção: Perto do poço, 48°54,064'; 21°50,139', 175 m a.s.l., 3 de setembro de 2014.

Barbula unguiculata Hedw.

Solo, habitats secundários, passadiços, dispersos.

Coleção: Trilha na pedreira, 48°54,019'; 21°50,170', 165 m a.s.l., 3 de setembro de 2014.

Brachythecium salebrosum (Hoffm. ex F. Weber et D. Mohr) Schimp.

Em florestas, habitats sombreados, madeira em decomposição, troncos de árvores, abundantes.

Coleção: Mais sítios no solo, epífitas em *Crataegus*, superfícies cortadas de troncos, 175 - 253 m a.s.l.

Brachytheciastrum velutinum (Hedw.) Ignatov et Huttunen

Sin. *Brachythecium velutinum* (Hedw.) Schimp.

Troncos de árvores à sombra, troncos apodrecidos, pedras, muitas vezes.

Coleção: Tronco caído de faia em decomposição, 48°54,185'; 21°49,839', 220 m a.s.l., 14 de julho de 2014.

Bryum argenteum Hedw.

Habitats secundários, frequentemente dispersos entre outros briófitos.

Coleção: Ruínas do castelo, 48°54,146'; 21°49,934', 260 m a.s.l., 3 de setembro de 2014.

Bryum caespiticium Hedw.

Habitats secundários, rochas, dispersos no território de estudo.

Coleção: Brasas velhas, 48°54,077'; 21°50,136', 180 m a.s.l., 3 de setembro de 2014.

Bryum moravicum Podp.

Muitas vezes como epítetos na casca de uma árvore, bases de troncos, dispersos.

Coleção: Mais sítios em superfícies de corte de tocos ou epítopo em *Crataegus,* 223 - 253 m a.s.l., 14 de julho de 2014.

Bryum, pseudotriquetrum (Hedw.) P. Gaertn., B.Mey. Schreb.

Nascentes, solos húmidos, dispersos.

Coleção: No poço, 48°54,064'; 21°50,139', 175 m a.s.l., 3 de setembro de 2014.

Ceratodon purpureus (Hedw.) Brid.

Em diferentes substratos, prefere habitats secundários, frequentemente.

Coleção: Ruínas do Castelo, 48°54,146'; 21° 49,934', 260 m a.s.l., 9 de setembro de 2014.

Encalypta streptocarpa Hedw.

Rochas calcárias, frequentemente muros antigos, habitats secundários, dispersos.

Coleção: Ruínas do Castelo, 48°54,146'; 21° 49,934', 260 m a.s.l., 9 de setembro de 2014.

Encalypta vulgaris Hedw.

Fissuras de rochas calcárias iluminadas pelo sol, dispersas.

Coleção: Ruínas do castelo, 48° 54.149'; 21° 49.915', 254 m a.s.l., 14 de julho de 2014.

Eurhynchium angustirete (Broth.) T. J. Kop.

Solo em florestas, bases de árvores, cepos, rochas, frequentemente.

Coleção: Tronco caído em decomposição, 48°54,185'; 21°49,839', 220 m a.s.l., 14 de julho de 2014.

Grimmia orbicularis Bruch ex Wilson

Em rochas calcárias iluminadas pelo sol, dispersas.

Coleção: Abaixo do castelo, rochedos,, 48° 54,14s'; 21°50,020', 240 m a.s.l., 9 de setembro de 2014.

Grimmia pulvinata (Hedw.) Sm.

Em rochas calcárias iluminadas pelo sol, dispersas.

Encostas meridionais das colinas sob as ruínas do castelo, detritos de rochas calcárias (Peciar, 1970).

Homalothecium philippeanum (Spruce) Schimp.

Muitas vezes, rochas básicas.

Coleção: Mais sítios nas ruínas do castelo ou abaixo do castelo, 220 - 257 m a.s.l., 14 de julho de 2014 - 9 de setembro de 2014.

Homalothecium sericeum (Hedw.) Schimp.

Pedras básicas, troncos de árvores, dispersos.

Coleção: Ruínas do Castelo, 48°54,136'; 21° 49,910', 260 m a.s.l., 14 de julho de 2014.

Homomallium incurvatum (Schrad. ex Brid.) Loeske

Rochas básicas sombreadas, fendas de rocha, solo calcário, raramente.

Coleção: Ruínas do castelo, 48° 54.149'; 21° 49.915', 254 m a.s.l., 14 de julho de 2014.

Hypnum cupressiforme Hedw.

Solo, casca de árvores, rochas, muitas vezes.

Coleção: Mais sítios abaixo do castelo, epífitas sobre *Crataegus* ou superfície cortada de cepo, 223 - 250 m a.s.l., 14 de julho de 2014 - 9 de setembro de 2014.

Kindbergia, praelonga (Hedw.) Ochyra

Syn. *Eurhynchium praelongum* (Hedw.) Schimp.

Habitats sombreados, ao longo de cursos de água, raramente.

Recolha: Não muito longe do poço, 48° 54,064'; 21°50,139', 175 m a.s.l., 9 de setembro de 2014.

Leskea polycarpa Hedw.

Troncos de árvores, raízes de contrafortes, rochas, muitas vezes.

Coleção: Mais locais, epífitas em troncos de *Crataegus* e *Acer,* 250 - 253 m a.s.l., 14 de julho de 2014.

Leucodon sciuroides (Hedw.) Schwagr.

Troncos de árvores, pedras, muitas vezes.

Coleção: Mais sítios abaixo do castelo, 250 m a.s.l., 9 de setembro de 2014.

Oxyrrhynchium hians (Hedw.) Loeske

Syn. *Eurhynchium hians* (Hedw.) Sande Lac.

Solo húmido em florestas, ao longo de riachos, margens, rochas, frequentemente.

Coleta: O solo na floresta, 48°54,019'; 21°50,170', 165 m a.s.l., 9 de setembro de 2014.

Oxyrrhynchium schleicheri (R. Hedw.) Roll

Syn. *Eurhynchium schleicheri* (R. Hedw.) Milde

O solo das florestas, disperso.

Coleta: Floresta, solo, 48°54,058'; 21°50,025', 220 m a.s.l., 9 de setembro de 2014.

Oxyrrhynchium speciosum (Brid.) Warnst.

Syn. *Eurhynchium speciosum* (Brid.) Jur.

Na base das árvores, ao longo de riachos, espalhados.

Coleção: Encosta sudeste, solo húmido, 48° 54,240'; 21°49,849', 197 m a.s.l., 14 de julho de 2014.

Plagiomnium cuspidatum (Hedw.) T. J. Kop.

Solo húmido, rochas, madeira apodrecida, dispersos.

Coleção: Madeira em decomposição, 48° 54.202'; 21° 49.859', 215 m a.s.l., 14 de julho de 2014.

Plagiomnium rostratum (Schrad.) T. J. Kop.

Terra, pedras e madeira em decomposição nas florestas, ao longo dos riachos, dispersos. Colecções: Perto do poço, 48°54,064'; 21°50,139'; 175 m a.s.l., 9 de setembro de 2014;

Ruínas do Castelo, 48° 54,149'; 21° 49,915', 254 m a.s.l., 14 de julho de 2014.

Plagiomnium undulatum (Hedw.) T. J. Kop.

Solos húmidos em florestas, margens de riachos, frequentemente.

Coleta: Floresta, solo, 48°54,058'; 21°50,025', 220 m a.s.l., 9 de setembro de 2014.

Pseudoamblystegium subtile (Hedw.) Vanderp. et Hedenas

Syn. *Amblystegium subtile* (Hedw.) Schimp.

Muitas vezes, na casca das árvores.

Coleção: Base da faia, 48° 54.202'; 21° 49.859', 215 m a.s.l., 14 de julho de 2014.

Pylaisia polyantha (Hedw.) Schimp.

Na casca das árvores, madeira podre, muitas vezes.

Colecções: Madeira em decomposição, 48°54,202'; 21°49,859\ 215 m a.s.l., 14 de julho de 2014;

Epífita em *Crataegus,* 48° 54,11521°49,879\ 253 m a.s.l., 14 de julho de 2014.

Rhytidiadelphus squarrosus (Hedw.) Warnst.

Florestas com copas mais soltas, frequentemente.

Coleção: Perto do poço, 48°54,064'; 21°50,139', 175 m a.s.l., 9 de setembro de 2014.

Sanionia uncinata (Hedw.) Loeske

Pedras, na casca das árvores, muitas vezes.

Coleção: Tronco caído em decomposição, 48°54,185'; 21°49,839', 220 m a.s.l., 14 de julho de 2014.

Schistidium apocarpum (Hedw.) Bruch et Schimp.

As pedras, especialmente em substratos básicos, são frequentemente.

Coleção: Abaixo do castelo, as pedras, 48°54,142'; 21°49,978', 250 m a.s.l., 9 de setembro de 2014.

Sciuro-hypnum reflexum (Starke) Ignatov et Huttunen

Sin. *Brachythecium reflexum* (Starke) Schimp.

Pedras, troncos de árvores, solo das florestas, madeira em decomposição, muitas vezes.

Colecções: A madeira apodrecendo, 48°54,048'; 21°50,14r, 180 m a.s.l., 9 de setembro de 2014; Floresta, solo, 48°54,048'; 21°50,050', 210 m a.s.l., 9 de setembro de 2014.

Sciuro-hypnum starkii (Brid.) Ignatov et Huttunen

Sin. *Brachythecium starkii* (Brid.) Schimp.

Solos de florestas, troncos de árvores, madeira em decomposição, raízes de contrafortes, pedras, dispersos.

Colecções: Madeira em decomposição, 48°54,048'; 21°50,14r, 180 m a.s.l., 9 de setembro de 2014.

Syntrichia montana Nees

Syn. *Tortula intermedia* (Brid.) De Not.

Sol, mais frequentemente rochas calcárias, raramente.

Coleção: Abaixo do castelo, as pedras, 48°54,142'; 21°49,978', 250 m a.s.l., 9 de setembro de 2014.

Syntrichia ruralis (Hedw.) F. Weber et D. Mohr

Syn. *Tortula ruralis* (Hedw.) Gaertn. et al.

Frequentemente num substrato pedregoso, mais raramente como epífita.

Colecções: Abaixo do castelo, as pedras, 240 - 250 m a.s.l., 9 de setembro de 2014.

Syntrichia virescens (De Not.) Ochyra

Syn. *Tortula virescens* (De Not.) De Not., *Syntrichia pulvinata* Jur., Epífita de árvores de folha larga, menos frequentemente em rochas e no solo.

Coleção: Ruínas no castelo, 48°54,136'; 21°49,910', 260 m a.s.l., 14 de julho de 2014.

Thuidium recognitum (Hedw.) Lindb.

Pedras em florestas, habitats com sombra, dispersas.

Coleção: Ruínas no castelo, 48°54,149'; 21°49,915', 254 m a.s.l., 14 de julho de 2014.

Tortella inclinata (R. Hedw.) Limpr.

Solo calcário, pedras calcárias.

Peciar (1970) recolheu o musgo nas encostas a sul, sob as ruínas do castelo, nos detritos de rocha calcária, a 200 m de altitude.

Tortella tortuosa (Hedw.) Limpr.

Fissuras de rocha básica, abundantes.

Coleção: Abaixo do castelo, as pedras, 48°54,142'; 21°49,978', 250 m a.s.l., 9 de setembro de 2014.

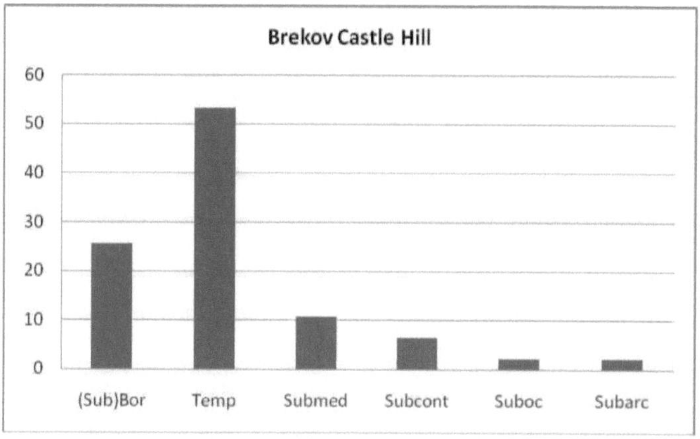

Fig. 3. Participação dos tipos de áreas na Zona Especial de Conservação da Colina do Castelo de Brekov. (Sub)Bor - Boreal e subboreal, Temp - Temperado, Submed - Submediterrânico, Subcont - Subcontinental, Suboc - Suboceânico, Subarc - Subártico

4.2 Colina de Humenne Sokol (Fig. 4)

Fig. 4. Humenne Sokol, localização Skalka

Predomina o tipo de área temperada (Fig. 5). Humenne Sokol é uma crista rochosa, a 405 m de altitude, e a maior parte do território é representada por comunidades de florestas de carvalho-faia dominadas pela faia (Fagus sylvatica), com ocorrência frequente de carpa (Carpinus betulus) e pinheiro bravo (Pinus sylvestris), enquanto o carvalho (Quercus pubescens) tem uma distribuição local.

Os ecossistemas significativos para a ocorrência de espécies de briófitos em

Humenne Sokol são: O solo da floresta proporciona um habitat para briófitos como *Atrichum undulatum, Brachythecium rutabulum, B. salebrosum* e outros. A madeira em decomposição no ecossistema florestal suporta *Blepharostoma trichophyllum, Chiloscyphus profundus, Amblystegium serpens* e outros. A casca das árvores mais velhas da floresta é um substrato para espécies como *Frullania dilatata, Chiloscyphus profundus, Porella platyphylla* e outras. Nas pedras iluminadas pelo sol ocorrem espécies como *Alleniella besseri, Anomodon viticulosus, Ctenidium molluscum* e outras. Nas rochas calcárias sombreadas (incluindo a gruta de Dupna) ocorrem *Lejeunea cavifolia, Metzgeria conjugata, Plagiochila porelloides, Alleniella complanata* e outras. Em lareiras antigas, locais pisoteados ou degradados crescem *Ditrichum heteromallum* e *Funaria hygrometrica.*

Hepaticopsida

Blepharostoma trichophyllum (L.) Dumort. (Anexo 2)

Troncos apodrecidos, pedras, muitas vezes.

Coleção: Madeira em decomposição, 48°54,045'; 21° 55,653', 254 m a.s.l., 15 de julho de 2014.

Frullania dilatata (L.) Dumort.

Epífitas em diferentes árvores de folha caduca, frequentemente.

Coleção:: Epífita em *Fagus sylvatica,* 48° 54,080'; 21°55,762\ 238 m a.s.l., 15 de julho de 2014.

Lejeunea cavifolia (Ehrh.) Lindb.

Pedras húmidas à sombra, troncos de árvores, muitas vezes.

Coleção: Caverna Dupna, rochas sombreadas, 48°54,061'; 21°55,139\ 360 m a.s.l., 4 de setembro de 2014.

Chiloscyphus profundus (Nees) J. J. Engel et R. M. Schust.

Syn. *Lophocolea heterophylla* (Schrad.) Dumort

Madeira em decomposição, troncos de árvores, muitas vezes.

Colecções: "Skalka", registo predial Chlmec, madeira em decomposição, 48°54,06r;

21°55,4ir, 310 m a.s.l., 4 de setembro de 2014; Tronco de cerejeira em decomposição, 48°54,045'; 21° 55,376', 319 m a.s.l., 15 de julho de 2014.

Mannia fragrans (Balb.) Frye et L. Clark

Solo calcário.

Peciar (1970) recolheu a espécie em detritos calcários na encosta leste a 320 m de altitude.

Marchantia polymorpha L.

No solo, nas rochas, ao longo dos cursos de água, nos sítios secundários.

Coleção: Margem da ribeira, 48° 54.056'; 21° 55.519', 280 m a.s.l., 4 de setembro de 2014.

Metzgeria conjugata Lindb.

Pedras à sombra, troncos de árvores, solo, muitas vezes.

Coleta: solo, 48° 54.080'; 21° 55.762', 238 m a.s.l., 15 de julho de 2014.

Metzgeria furcata (L.) Dumort.

Na casca de diferentes árvores, frequentemente.

Coleção: Epífita *Fagus sylvatica,* 48°54,080'; 21°55,762', 238 m a.s.l., 15 de julho de 2014.

Plagiochilaporelloides (Torr. ex Nees) Lindenb.

Solo, pedras, troncos de árvores, ao longo de riachos, frequentemente.

Coleção: Caverna Dupna, rochas sombreadas, 48°54,06r; 21°55,139', 360 m a.s.l., 4 de setembro de 2014. No sítio Humenne Sokol a espécie foi coletada por Pujmanova et al. (1990).

Porella platyphylla (L.) Pfeiff.

Troncos de árvores, pedras, margens de riachos, muitas vezes. Colecções: Rochas, 48° 54,080'; 21° 55,762', 238 m a.s.l., 15 de julho de 2014; Parede rochosa, 48° 54,080'; 21°55,762', 238 m a.s.l., 15 de julho de 2014. No sítio Humenne Sokol a espécie foi registada por Duda & Vana (1979), Peciar (1970), Pujmanova et al. (1990).

Ptilidium , pulcherrimum (Weber) Vain.

Troncos de árvores, madeira apodrecida, muitas vezes.

Coleção: "Skalka", cadastro Chlmec, madeira em decomposição, 48°54,06r; *21°55,4H',* 310 m a.s.l., 4 de setembro de 2014.

Muscopsida

Alleniella besseri (Lobarzewski) S. Olsson, Enroth et D. Quandt

Sin. *Neckera besseri* (Lobarzewski) Jur.

Frequentemente em rochas básicas sombreadas, raramente na casca de árvores.

Colecções: Rochas básicas ensombradas, 211 - 360 m a.s.l., 15 de julho - 4 de setembro, 2014.

No sítio de Humenne Sokol, a espécie foi recolhida por Pujmanova et al. (1990).

Alleniella complanata (Hedw.) S. Olsson, Enroth et D. Quandt

Syn. *Neckera complanata* (Hedw.) Huebener

Troncos de árvores, rochas sombreadas, dispersas.

No sítio de Humenne Sokol, a espécie foi recolhida por Pujmanova et al. (1990).

Amblystegium serpens (Hedw.) Schimp.

Solo, madeira, pedras em habitats sombrios, frequentemente.

Coleção: "Skalka", registo predial Chlmec, madeira em decomposição, 48°54,06r; 21°55,411

310 m a.s.l., 4 de setembro de 2014.

Anomodon attenuatus (Hedw.) Huebener

Troncos sombreados e pedras, abundantes.

Colecções: Epífitas, rochas, raízes, abundante, 200 - 360 m a.s.l., 15 de julho - 4 de setembro, 2014.

No sítio de Humenne Sokol, a espécie foi recolhida por Pujmanova et al. (1990).

Anomodon viticulosus (Hedw.) Hook. et Taylor

Pedras, bases de árvores, troncos de árvores, muitas vezes.

Colecções: Parede rochosa, 48°54.080'; 21° 55.762', 238 m a.s.l., 15 de julho de

2014.

No sítio de Humenne Sokol, a espécie foi recolhida por Pujmanova et al. (1990).

Atrichum undulatum (Hedw.) P. Beauv.

Frequentemente, prefere solos perturbados nas florestas.

Coleção: Solo, 48° 54.045'; 21° 55.653', 254 m a.s.l., 15 de julho de 2014.

Aulacomnium palustre (Hedw.) Schwaegr.

Solo húmido no bosque, disperso.

Coleção: Margem do riacho, 48° 54,056'; 21°55,519', 280 m a.s.l., 4 de setembro de 2014.

Brachythecium rutabulum (Hedw.) Schimp. (Anexo 4)

No solo, nos troncos das árvores e nas pedras dos bosques, muitas vezes.

Colecções: Tronco apodrecido de cerejeira, 48°54,045'; 21°55,376', 319 m a.s.l., julho

15, 2014; Solo, 48°54,045'; 21°55,653', 254 m a.s.l., 15 de julho de 2014.

Brachythecium salebrosum (Hoffm. ex F. Weber et D. Mohr) Schimp. (Anexo 3) Em florestas em habitats sombreados, abundante.

Colecções: Tronco em decomposição, raízes, pedras, 215 - 319 m a.s.l., 15 de julho.

Brachythecium tommasinii (Sendtn. ex Boulay) Ignatov et Huttunen

Syn. *Cirriphyllum tommasinii* (Sendt. ex Boulay) Grout.

Rochas básicas sombreadas, dispersas.

Coleção: Caverna Dupna, rochas sombreadas, 48°54,06r; 21°55,139\ 360 m a.s.l., 4 de setembro de 2014.

Brachytheciastrum velutinum (Hedw.) Ignatov et Huttunen

Sin. *Brachythecium velutinum* (Hedw.) Schimp.

Troncos de árvores à sombra, pedras, muitas vezes.

Colecções: Tronco apodrecido de cerejeira, 48°54,045'; 21°55,376', 319 m a.s.l., 15 de julho de 2014; Caverna Dupna, madeira em decomposição, 48°54,061'; 21°55,139',

360 m a.s.l., 4 de setembro de 2014.

No sítio de Humenne Sokol, a espécie foi recolhida por Pujmanova et al. (1990).

Bryoerythrophyllum recurvirostrum (Hedw.) P. C. Chen

No sítio de Humenne Sokol, a espécie foi recolhida por Pujmanova et al. (1990).

Bryum capillare Hedw.

Nas pedras, nas fissuras das rochas, nos troncos das árvores, espalhados.

Coleção: Madeira em decomposição, 48° 54.048'; 21° 55.659', 252 m a.s.l., 15 de julho de 2014.

Bryumpseudotriquetrum (Hedw.) P. Gaertn. B. Mey., Scherb.

Em nascentes, prados húmidos, frequentemente.

Coleção: Tronco caído ao entrar na reserva, 8°54,636'; 21°55,811', 200 m a.s.l., 15 de julho de 2014.

Climacium dendroides (Hedw.) F. Weber et D. Mohr (Anexo 5)

Prados húmidos, frequentemente.

Coleção: Tronco apodrecido de cerejeira, 48°54,045'; 21°55,376', 319 m a.s.l., 15 de julho de 2014.

Cratoneuron filicinum (Hedw.) Abeto

Solo húmido nas margens de riachos, pedras, zonas húmidas, frequentemente.

Coleção: Margem do riacho, 48°54,056'; 21° 55,519', 280 m a.s.l., 4 de setembro de 2014.

Ctenidium molluscum (Hedw.) Mitt.

Calcários, zonas húmidas básicas, frequentemente.

Coleção: Caverna Dupna, rochas sombreadas, 48° 54,061'; 21°55,139', 360 m a.s.l., 4 de setembro de 2014; "Skalka", registro de terra Chlmec, kamene, 48°53,466'; 21°56,028', 270 m a.s.l., 4 de setembro de 2014.

Cyrtomnium hymenophylloides (Huebener) T. J. Kop.

Fissuras húmicas de rochas calcárias, raramente.

Coleção: Gruta Dupna, rochas sombreadas, 48° 54,06121° 55,139', 360 m a.s.l., 4 de setembro de 2014.

Dicranella heteromalla (Hedw.) Schimp.

Solo em florestas, entre rochas, cepos, muitas vezes.

Coleção: "Skalka", registo de terras Chlmec, solo, 48°53,466'; 21° 56,028', 270 m a.s.l., 4 de setembro de 2014.

Dicranum montanum Hedw.

Raízes de contrafortes, troncos de árvores, abundantes.

Coleção: Raízes do contraforte de *Fagus sylvatica,* 48°54,160'; 21°55,9ir, 215 m a.s.l., 1 de julho de 2014.

Dicranum scoparium Hedw. (Anexo 6)

Solo nos bosques, pedras, bases de árvores, troncos caídos, zonas húmidas, muitas vezes.

Coleção: Raízes de *Fagus sylvatica,* 48°54,160'; 21°55,9H', 215 m a.s.l., 1 de julho de 2014.

Ditrichum flexicaule (Schwaegr.) Hampe (Anexo 7)

Rochas básicas, solos básicos, dispersos.

Colecções: Rochas básicas, 238 - 360 m a.s.l., 15 de julho de 2014 - 4 de setembro de 2014.

No sítio de Humenne Sokol, a espécie foi recolhida por Pujmanova et al. (1990).

Ditrichum heteromallum (Hedw.) E. Britton

Terras arenosas ou cascalhentas, ao longo dos passeios, entre as pedras, dispersas.

Coleção: Raízes do contraforte, *Fagus sylvatica,* 48°54,160'; 21°55,91 T, 215 m a.s.l., 15 de julho de 2014.

Encalypta streptocarpa Hedw.

Calcários, solos, dispersos.

Coleção: "Skalka", registo predial Chlmec, kamene, 48°53,466'; 21°56,028', 270 m a.s.l., 4 de setembro de 2014.

Entodon concinnus (De Not.) Paris

Calcários, solos calcários, dispersos.

Coleção: "Skalka", cadastro Chlmec, calcário, 260 - 270 m a.s.l., 4 de setembro de 2014.

Eurhynchium angustirete (Broth.) T. J. Kop. (Anexo 8)

Solo em florestas, base de árvores, cepos, pedras, frequentemente.

Coleção: Raízes do contraforte, *Acer campestre*, 48°54,457'; 21°55,820', 218 m a.s.l., 15 de julho de 2014.

Exsertotheca crispa (Hedw.) S. Olsson, Enroth et D. Quandt

Syn. *Neckera crispa* Hedw.

As rochas básicas, especialmente em habitats húmidos, são frequentemente.

Coleção: Caverna Dupna, rochas sombreadas, 48°54,06r; 21°55,139\ 360 m a.s.l., 4 de setembro de 2014.

No sítio de Humenne Sokol, a espécie foi recolhida por Pujmanova et al. (1990).

Fissidens dubius P. Beauv.

Syn. *Fissidens cristatus* Wilson ex Mitt.

Calcários húmidos à sombra, solos calcários húmidos.

Coleção: Caverna Dupna, rochas sombreadas, 48°54,06r; 21°55,139\ 360 m a.s.l., 4 de setembro de 2014.

No sítio de Humenne Sokol, a espécie foi recolhida por Pujmanova et al. (1990).

Fissidens exilis Hedw.

Solos húmidos, raramente.

Coleção: Solo em raízes de contraforte, Acer *campestre,* 48°54,457'; 21°55,820', 218 m a.s.l., 15 de julho de 2014.

Funaria hygrometrica Hedw.

Sobre um substrato quebrado, especialmente sobre brasas velhas, dispersa-se.

Coleção: "Skalka", registo predial Chlmec, brasas velhas, 48° 53,458'; 21°56,014', 270 m a.s.l., 4 de setembro de 2014.

Grimmia orbicularis Bruch ex Wilson

Raramente em rochas calcárias, especialmente em rochas iluminadas pelo sol.

Colecções: "Skalka", registo de terras Chlmec, calcários, 48° 53,458'; 21°56,014', 260 - 270 m a.s.l., 4 de setembro de 2014.

Grimmia pulvinata (Hedw.) Sm.

Pedras básicas, dispersas.

No sítio de Humenne Sokol, a espécie foi recolhida por Pujmanova et al. (1990).

Gymnostomum aeruginosum Sm.

Pedras básicas, dispersas.

Coleção: Caverna Dupna, rochas sombreadas, 48° 54,061'; 21°55,139', 360 m a.s.l., 4 de setembro de 2014.

No sítio de Humenne Sokol, a espécie foi recolhida por Pujmanova et al. (1990).

Herzogiella seligeri (Brid.) Z. Iwats.

Os caules apodrecidos, troncos de árvores, em habitats sombrios, muitas vezes.

Coleção: Tronco apodrecido de cerejeira, 48° 54,045'; 21° 55,376', 319 m a.s.l., 15 de julho de 2014; Gruta Dupna, madeira em decomposição, 48°54,06r; 21° 55,139', 360 m a.s.l., 4 de setembro de 2014.

Homalia trichomanoides (Hedw.) Schimp.

Troncos de árvores, rochas com sombra, muitas vezes.

Coleção: Epífita *Fagus sylvatica,* 48°54,080'; 21° 55,762', 238 m a.s.l., 15 de julho de 2014.

Homalothecium , philippeanum (Spruce) Schimp.

Pedras básicas, dispersas.

Coleção: Calcários, 260 - 360 m a.s.l., 4 de setembro de 2014.

No sítio de Humenne Sokol, a espécie foi recolhida por Pujmanova et al. (1990).

Homalothecium sericeum (Hedw.) Schimp.

Pedras básicas, troncos de árvores, muitas vezes.

Coleção: "Skalka", registo predial Chlmec, epífita *Cotoneaster,* 48°53,477'; 21° 56,082', 260 m a.s.l., 4 de setembro de 2014.

No sítio de Humenne Sokol, a espécie foi recolhida por Pujmanova et al. (1990).

Hylocomium splendens (Hedw.) Schimp. (Anexo 10)

Solo. Se em habitats de base, sempre em solos lixiviados, dispersos.

Coleção: "Skalka", registo predial Chlmec, poda, 48°53,466'; 21°56,028', 270 m a.s.l., 4 de setembro de 2014.

Hymenostylium recurvirostrum (Hedw.) Dixon

Rochas básicas, fissuras, raramente.

Coleção: Caverna Dupna, rochas sombreadas, 48°54,061'; 21°55,139', 360 m a.s.l., 4 de setembro de 2014.

Hypnum cupressiforme Hedw. (Anexo 9)

Solo, casca de árvores, pedras, abundantes.

Colecções: Calcários, tronco caído, madeira em decomposição, 200 - 319 m a.s.l., 15 de julho de 2014 - 4 de setembro de 2014.

Hypnum vaucheri Lesq.

Rochas básicas, fissuras, raramente.

Coleção: Caverna Dupna, rochas sombreadas, 48°54,06r; 21°55,139\ 360 m a.s.l., 4 de setembro de 2014.

Isothecium alopecuroides (Lam. ex Dubois) Isov.

Syn. *I. myurum* Brid., *I. viviparum* Lindb.

Caules caídos, raízes de reforço, cepos e pedras, muitas vezes.

Coleção: Rochas sombreadas, 48°54,080'; 21° 55,762', 238 m a.s.l., 15 de julho de 2014.

Kindbergia , praelonga (Hedw.) Ochyra

Syn. *Eurhynchium praelongum* (Hedw.) Schimp.

Habitats sombreados, ao longo de cursos de água, prados húmidos, raramente.

Coleção: Solo, 48° 54.045'; 21° 55.653', 254 m a.s.l., 15 de julho de 2014.

Leskea polycarpa Hedw..

Caules de árvores, raízes de contrafortes, raramente em pedras.

Colecções: Epífita, tronco em decomposição, caules, madeira em decomposição, 218 - 360 m a.s.l., 15 de julho de 2014 - 4 de setembro de 2014.

Leucodon sciuroides (Hedw.) Schwagr.

Caules de árvores, raramente em rochas, frequentemente

Coleção: Epífita *Fagus sylvatica,* 48°54,080'; 21°55,762\ 238 m a.s.l., 15 de julho de 2014.

No sítio de Humenne Sokol, a espécie foi recolhida por Pujmanova et al. (1990).

Mnium stellare Hedw.

Pedras e solos húmidos e sombreados nos bosques, dispersos.

Colecções: Parede rochosa, 48°54,080'; 21°55,762', 238 m a.s.l., 15 de julho de 2014; Caverna Dupna, rochas sombreadas, 48° 54,061'; 21°55,139', 360 m a.s.l., 4 de setembro de 2014.

Orthotrichum cupulatum Hoffm. ex Brid.

Calcários.

No sítio de Humenne Sokol, a espécie foi recolhida por Pujmanova et al. (1990).

Orthotrichum , pallens Bruch ex Brid.

Na casca das árvores, espalhadas.

No sítio de Humenne Sokol, a espécie foi recolhida por Pujmanova et al. (1990).

Oxyrrhynchium hians (Hedw.) Loeske

Syn. *Eurhynchium hians* (Hedw.) Sande Lac.

Solo húmido em florestas, ao longo de riachos, margens, pedras, frequentemente.

Colecções: Raízes do contraforte, *Acer campestre*, 48°54,457'; 21°55,820', 218 m a.s.l., 15 de julho de 2014.

Oxyrrhynchium speciosum (Brid.) Warnst.

Syn. *Eurhynchium speciosum* (Brid.) Jur.

O substrato submerso, a base das árvores, ao longo dos riachos, espalhados.

Colecções: Caverna Dupna, madeira apodrecida, 48°54,06r; 21°55,139', 360 m a.s.l., 4 de setembro de 2014.

Plagiomnium cuspidatum (Hedw.) T. J. Kop.

Solo húmido, bases de árvores, pedras, frequentemente.

Coleção: A madeira apodrecida, 48°54,048'; 21°55,659', 252 m a.s.l., 15 de julho de 2014.

Plagiomnium rostratum (Schrad.) T. J. Kop.

Terra, pedras e madeira apodrecida nas florestas, ao longo dos riachos, espalhados.

Colecções: Pedras, raízes, 212 - 218 m a.s.l., 15 de julho de 2014.

Plagiomnium undulatum (Hedw.) T. J. Kop.

Solos húmidos em florestas, margens de riachos, frequentemente.

Colecções: Solo, 48°54,045'; 21°55,653', 254 m a.s.l., 15 de julho de 2014; Pedra, 48° 54,492'; 21°55,827', 212 m a.s.l., 15 de julho de 2014.

Plagiothecium denticulatum (Hedw.) Schimp.

Solo, margens de cursos de água, pedras, troncos caídos, muitas vezes.

Coleção: Raízes do contraforte, *Fagus sylvatica,* 48°54,160'; 21°55,91 T, 215 m a.s.l., 15 de julho de 2014.

Plagiothecium nemorale (Mitt.) A. Jaeger

Solo, ao longo dos cursos de água, disperso.

Coleção: Solo, 48° 54.045'; 21° 55.653', 254 m a.s.l., 15 de julho de 2014.

Pohlia nutans (Hedw.) Lindb.

Solo cascalhento, madeira em decomposição, na casca das árvores, fissuras de rochas, frequentemente.

Coleção: Raízes do contraforte, *Fagus sylvatica,* 48° 54,160'; 21° 55,9H', 215 m a.s.l., 15 de julho de 2014.

Polytrichum commune Hedw. (Anexo 11)

Ao longo de cursos de água, em solos húmidos, frequentemente.

Coleção: "Skalka", registo de terras Chlmec, solo, 48°53,466'; 21°56,028', 270 m a.s.l., 4 de setembro de 2014.

Polytrichum formosum Hedw. (Anexo 12)

O solo das florestas, muitas vezes.

Coleção: Raízes do contraforte, *Fraxinus excelsior,* 48°54,457'; 21°55,820', 218 m a.s.l., 15 de julho de 2014.

Pseudoamblystegium subtile (Hedw.) Vanderp. et Hedenas

Syn. *Amblystegium subtile* (Hedw.) Schimp.

Muitas vezes, na casca das árvores.

Coleção: Epífita *Fagus sylvatica,* 48°54,080'; 21°55,762\ 238 m a.s.l., 15 de julho de 2014.

Pseudoleskeella catenulata (Brid.) Kindb.

Pedras básicas, dispersas.

Coleção: "Skalka", registo predial Chlmec, kamene, 48°53,466'; 21°56,028\ 270 m a.s.l., 4 de setembro de 2014.

Pterigynandrum filiforme Hedw.

Pedras, troncos de árvores, muitas vezes.

Coleção: Epífita *Fagus sylvatica,* 48° 54,080'; 21°55,762', 238 m a.s.l., 15 de julho de 2014.

Pylaisia, polyantha (Hedw.) Schimp.

Muitas vezes, na casca das árvores.

Coleção: Madeira morta seca, 48° 54.080'; 21° 55.762', 238 m a.s.l., 15 de julho de 2014.

Rhizomnium , punctatum (Hedw.) T. J. Kop. (Anexo 13)

Solo húmido, ao longo de cursos de água, madeira em decomposição, frequentemente.

Coleção: Banco da ribeira, 48°54,056'; 21°55,519', 280 m a.s.l., 4 de setembro de 2014.

Rhytidiadelphus squarrosus (Hedw.) Warnst. (Anexo 14)

Florestas com copas mais soltas, frequentemente.

Coleção: Raízes do contraforte, *Fagus sylvatica,* 48°54,160'; 21°55,911', 215 m a.s.l., 15 de julho de 2014.

Rhytidiadelphus triquetrus (Hedw.) Warnst. (Anexo 15)

O solo das florestas, muitas vezes.

Coleção: "Skalka", registo de terras Chlmec, solo, 48°53,466'; 21° 56,028', 270 m a.s.l., 4 de setembro de 2014.

Sanionia uncinata (Hedw.) Loeske

Pedras, na casca das árvores, muitas vezes.

Coleção: "Skalka", cadastro Chlmec, madeira em decomposição, 48°54,06r; *21°55,411',* 310 m a.s.l., 4 de setembro de 2014.

Schistidium apocarpum (Hedw.) Bruch et Schimp.

Pedras sobre um substrato básico, muitas vezes.

Coleção:: "Skalka", registo de terras Chlmec, rochas, 48°53,458'; 21°56,014', 270 m a.s.l., 4 de setembro de 2014.

Sciuro-hypnum , plumosum (Hedw.) Ignatov et Huttunen

Syn. *Brachythecium plumosum* (Hedw.) Schimp.

Madeira húmida, pedras, ao longo de riachos.

Coleção: Riacho, 48°54,056'; 21°55,519', 280 m a.s.l., 4 de setembro de 2014.

Sciuro-hypnum populeum (Hedw.) Ignatov et Huttunen

Syn. *Brachythecium populeum* (Hedw.) Schimp.

Pedras, troncos de árvores, cepos, muitas vezes.

Coleção: Epífita *Fagus sylvatica,* 48°54,080'; 21°55,762', 238 m a.s.l., 15 de julho de 2014.

Sciuro-hypnum starkii (Brid.) Ignatov et Huttunen

Sin. *Brachythecium starkii* (Brid.) Schimp.

Solo em florestas, troncos de árvores, raízes de contrafortes, pedras, dispersos.

Coleção: Caule caído, 48°54,040'; 21°55,332', 330 m a.s.l., 4 de setembro de 2014.

Syntrichia ruralis (Hedw.) F. Weber et D. Mohr

Muitas vezes num substrato pedregoso, epífitas mais raras.

Aspeto sul, rochas calcárias xerotérmicas, 300 m a.s.l. (Peciar, 1970).

Taxiphyllum wissgrillii (Garov.) Wijk et Margad.

Solo, raízes de reforço, bases de madeira, pedras.

No sítio de Humenne Sokol, a espécie foi recolhida por Pujmanova et al. (1990).

Tetraphis , pellucida Hedw.

A madeira apodrecida, espalhada.

Coleção: Madeira em decomposição, 48°54,045'; 21°55,653', 254 m a.s.l., 15 de julho de 2014.

Thuidium delicatulum (Hedw.) Mitt.

Pedras em florestas, habitats sombreados, frequentemente.

Coleção: "Skalka", registo de terras Chlmec, solo, 48°53,477'; 21°56,082', 260 m a.s.l., 4 de setembro de 2014.

Thuidium recognitum (Hedw.) Lindb.

Pedras em florestas, habitats com sombra, dispersas.

Coleção: "Skalka", registo de terras Chlmec, solo, 48°53,466'; 21°56,028', 270 m a.s.l., 4 de setembro de 2014.

Tortella tortuosa (Hedw.) Limpr.

Fissuras de rocha básica, abundantes.

Colecções: Calcários, 260 - 270 m a.s.l., 4 de setembro de 2014.

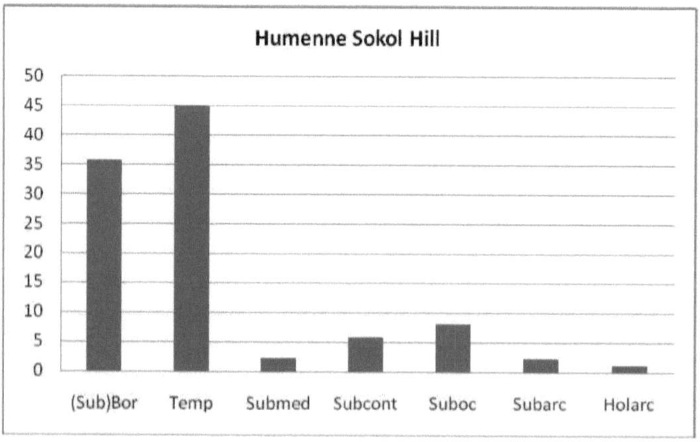

Fig. 5. Participação dos tipos de áreas na Zona Especial de Conservação Humenne Sokol Hill. (Sub)Bor - Boreal e subboreal, Temp - Temperado, Submed - Submediterrânico, Subcont - Subcontinental, Suboc - Suboceânico, Subarc - Subártico, Holarc - Holárctico.

4.3 Prados húmidos de Hostovicke luky (Fig. 6)

Fig. 6. Prados de luky de Hostovicke

O tipo de área (sub)boreal é dominante (Fig. 7). Os prados de Hostovicke (4,6 ha) estão situados a noroeste da povoação de Hostovice, no terraço aluvial do rio Udava, a uma altitude de 330 m. O regime hídrico é influenciado pela nascente no sopé da encosta, na parte noroeste do sítio, e pela água de precipitação estagnada no subsolo impermeável (Terray, 2000). O coberto vegetal é representado por comunidades das alianças Magno-Caricion gracilis, Calthion, Caricion davallianae e Caricion fuscae, ou seja, comunidades bem abastecidas de nutrientes e cálcio com lençóis freáticos elevados. Existe uma ocorrência maciça de Iris sibirica no local. Os ecossistemas mais importantes para a ocorrência de briófitos são os prados húmidos e os prados alagados, onde ocorrem *Aulacomnium palustre, Bryum pseudotriquetrum* e muitos outros. As turfeiras de bétula colonizam *Aulacomnium palustre* e outras. Do ponto de vista do genofonte são significativas as comunidades higrófitas da classe *Scheuchzerio - Caricetea fuscae* (Alianças *Caricion fuscae* e *Caricion davallianae),* habitat de *Calliergonella cuspidata, Sarmentypnum exannulatum, Hamatocaulis vernicosus* e outras.

Hepaticopsida

Chiloscyphus , profundus (Nees) J. J. Engel et R. M. Schust.

Syn. *Lophocolea heterophylla* (Schrad.) Dumort.

A madeira apodrecida, espalhada.

Coleção: Pântano de bétula, madeira morta, 49° 07.746'; 22° 06.789', 332 m a.s.l., 8 de julho de 2015.

Muscopsida

Aulacomnium palustre (Hedw.) Schwagr.

Turfeiras, prados alagados, dispersos.

Coleção: Pântano de bétula, solo encharcado, 49°07.750'; 22°06.768', 333 m a.s.l., 8 de agosto de 2015.

Brachythecium salebrosum (Hoffm. ex F. Weber et D. Mohr) Schimp.

Solo na floresta, rochas, bases de árvores, madeira apodrecida, frequentemente.

Coleção: Pântano de bétula, madeira morta, 49°07.746'; 22°06.789', 332 m a.s.l., 8 de agosto de 2015.

Bryum pseudotriquetrum (Hedw.) P. Gaertn., B. Mey. et Scherb.

Turfeiras, prados alagados, dispersos.

Coleção: Prados alagados, parte leste da reserva, 49°07.783'; 22°06.867', 330 m a.s.l., 8 de agosto de 2015; Prados alagados, parte oeste da reserva, 49°07.705'; 22°06.745', 330 m a.s.l., 8 de julho de 2015.

Callicladium haldanianum (Grev.) H. A. Crum

Syn. *Heterophyllium haldanianum* (Grev.) M. Fleisch.

Cepos, raízes, madeira apodrecida, raramente.

Coleção: Pântano de bétula, madeira morta, 49°07.746'; 22°06.789', 332 m a.s.l., 8 de agosto de 2015.

Calliergonella cuspidata (Hedw.) Loeske

Prados húmidos, abundantes.

Colecções: Habitats higrófitos e alagados, 327 - 332 m a.s.l., 8 de julho de 2015 - 8 de agosto de 2015.

Climacium dendroides (Hedw.) F. Weber et D. Mohr

Prados, florestas, zonas húmidas, dispersas.

Colecções: *Caricion fuscae*, Turfeira de bétula, 332-333 m a.s.l., 8 de julho de 2015 - 8 de agosto de 2015.

Dicranum montanum Hedw.

Bases de árvores, madeira apodrecida, muitas vezes.

Coleção: Pântano de bétula, epifyt, 49°07.750'; 22°06.768', 333 m a.s.l., 8 de agosto de 2015.

Hamatocaulis vernicosus (Mitt.) Hedenas (Recinto 16)

Turfeiras, prados alagados, raro.

Coleção: *Caricion davallianae,* 49°07.723'; 22°06.788', 332 m a.s.l., 8 de julho de 2015.

Hypnum cupressiforme Hedw.

Numa variedade de habitats.

Colecções: Pântano de bétula, epífita, madeira em decomposição, 332 - 333 m a.s.l., 8 de agosto de 2015.

Plagiomnium elatum (Bruch et Schimp.) T. J. Kop.

Nascentes, prados húmidos.

Coleção: Prados alagados, 49°07.723'; 22°06.788', 332 m a.s.l., 8 de julho de 2015.

Plagiomnium affine (Blandow ex Funck) T. J. Kop.

Prados, florestas, solos, muitas vezes.

Coleção: Prados húmidos, 49° 07.705'; 22° 06.745', 330 m a.s.l., 8 de julho de 2015.

Platygyrium repens (Brid.) Schimp.

Epífita, madeira velha morta, dispersa.

Coleção: Pântano de bétula, epifyt, 49°07.750'; 22°06.768', 333 m a.s.l., 8 de agosto de 2015.

Sarmentypnum exannulatum (Schimp.) Hedenas

Sin. *Warnstorfia exannulata* (Schimp.) Loeske

Turfeiras, prados alagados.

Coleção: Comunidade *Caricion fuscae,* 49°07.756'; 22°06.863', 325 m a.s.l., 8 de julho de 2015.

Sarmentypnum sarmentosum (Wahlenb.) Tuom. et T. J. Kop.

Syn. *Calliergon sarmentosum* (Wall.) Kindb., *Warnstorfia sarmentosa* (Wahlenb.) Hedenas

Turfeiras, prados alagados, nascentes.

Coleção: *Caricetum gracilis,* 49°07.796'; 22°06.854', 337 m a.s.l. 8 de agosto de 2015.

Campylium stellatum (Hedw.) Lange et C. E. O. Jensen (Anexo 17)

Turfeiras, prados húmidos, frequentemente.

Coleção: Prados alagados, parte ocidental da reserva, 49°07.705'; 22°06.745', 330 m a.s.l., 8 de julho de 2015.

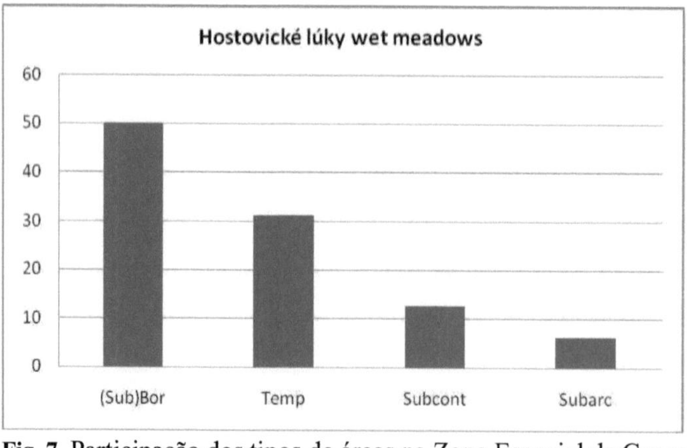

Fig. 7. Participação dos tipos de áreas na Zona Especial de Conservação Hostovicke luky. (Sub)Bor - Boreal e subboreal, Temp - Temperado, Subcont - Subcontinental, Subarc - Subártico

4.4 Pântano minerotrófico de Lazky (Fig. 8)

Fig. 8. Lazky, pântano minerotrófico, piscina

Predomina o tipo de área temperada (Fig. 9). O sítio de Lazky situa-se a cerca de 1,5 km a leste da aldeia de Svetlice. A comunidade mais importante é o pântano minerotrófico com elevado teor de bases e pequenos charcos. Localmente, os pântanos encontram-se associados a solos carbonatados. O objeto de proteção é também a planície de inundação de ervas altas. Uma grande parte da área é constituída por florestas mistas de faias e abetos e prados sub-montanhosos ceifados. O leito rochoso é constituído por flysch. A altitude da área é de 380 - 500 m a.s.l., com uma extensão de 24,74 ha. O ecossistema mais importante para a ocorrência de briófitos é o pântano minerotrófico, onde crescem, por exemplo, *Dicranum bonjeanii, Plagiomnium elatum* e outros. De elevado valor genético são as espécies restritas a charcos, por exemplo *Hygroamblystegium tenax, Bryum pseudotriquetrum* e outras. A casca das árvores é o habitat das epífitas *Orthotrichum stramineum, Hypnum andoi* e outras espécies. As florestas mistas de faias e abetos albergam, por exemplo, *Cirriphyllum piliferum, Brachythecium rutabulum* e outras espécies. A planície de inundação de ervas altas coloniza *Brachythecium rivulare, Brachythecium salebrosum* e outras espécies. Nos prados ceifados ocorrem *Barbula unguiculata, Thuidium delicatulum*

Hepaticopsida

Chiloscyphus profundus (Nees) J. J. Engel et R. M. Schust.

Syn. *Lophocolea heterophylla* (Schrad.) Dumort.

Sobre a madeira apodrecida, espalhados.

Coleção: Ecossistema florestal, madeira em decomposição, 49°010,370'; 22° 03,53T, 403 m a.s.l., 21 de julho de 2015.

Ptilidium , pulcherrimum (G. Weber) Vainio,

Na casca de árvores de folha caduca e coníferas, dispersa.

Coleção: Floresta, epífita em faia, 49°10,360'; 22°03,559', 400 m a.s.l., 21 de julho de 2015.

Muscopsida

Atrichum undulatum (Hedw.) P. Beauv. (Anexo 18)

Nas florestas, nas bermas das estradas, nas zonas de relva.

Coleção: As margens da estrada, 49°10,370'; 22° 03,531', 403 m a.s.l., 21 de julho de 2015.

Barbula unguiculata Hedw.

Por vários motivos, dispersos.

Coleção: Prado ceifado, 49°10,393'; 22° 03,757', 390 m a.s.l., 21 de julho de 2015.

Brachytheciastrum velutinum (Hedw.) Ignatov et Huttunen

Num terreno diferente, muitas vezes.

Coleção: A borda da piscina, 49° 10,354'; 22° 03,626', 380 m a.s.l., 12 de junho de 2015.

Brachythecium rivulare Schimp.

Em locais húmidos, dispersos.

Coleção: Várzea de ervas altas, 49°10,329'; 22° 03,614', 380 m a.s.l. 12 de junho de 2015.

Brachythecium rutabulum (Hedw.) Schimp.

Na base das árvores, nos cepos, no solo da floresta, espalhados.

Coleção: Ecossistema florestal, cepo em decomposição, solo, 410-460 m a.s.l., 21 de julho de 2015.

Brachythecium salebrosum (Hoffm. ex F. Weber et D. Mohr) Schimp.

No solo da floresta, em pedras e madeira apodrecida, frequentemente.

Colecções: Ecossistema florestal, solo, rochas, epífitas de cerejeira e bétula, planície de inundação de ervas altas, 380 - 460 m a.s.l., 12 de junho de 2015 - 21 de julho de 2015.

Bryum pseudotriquetrum (Hedw.) P. Gaertn., B. Mey. et Scherb

Turfa, pântanos, frequentemente.

Colecções: Pântano minerotrófico, 49° 10.354'; 22°03.626', 380 m a.s.l., 12 de junho de 2015;

piscinas, 49°10,354; 22°03,626, 380 m a.s.l., 12 de junho de 2015.

Calliergonella cuspidata (Hedw.) Loeske

Turfa, prados húmidos, trincheiras, frequentemente.

Colecções: Planície de inundação de ervas altas, pântano minerotrófico, charcos, 380 m a.s.l., 12 de junho de 2015.

Campylium stellatum (Hedw.) Lange et C. E. O. Jensen

Turfeiras, prados húmidos, frequentemente.

Colecções: Planície de inundação de ervas altas, pântano minerotrófico, charcos, 380 m a.s.l., 12 de junho de 2015.

Cirriphyllum , piliferum (Hedw.) Grout

Florestas, prados, dispersos.

Coleta: Ecossistema florestal, 49°10,360'; 22°03,559', 400 m a.s.l., 21 de julho de 2015.

Ctenidium molluscum (Hedw.) Mitt. (Anexo 21)

Em locais calcários húmidos, dispersos.

Coleção: Ecossistema florestal, 49°10,370'; 22°03,531', 403 m a.s.l., 21 de julho de 2015.

Dicranum bonjeanii De Not. (Anexo 19)

Turfeiras, prados húmidos. Dispersos.

Coleção: Pântano minerotrófico, 49°10,354'; 22° 03,626', 380 m a.s.l., 12 de junho de 2015.

Fissidens adianthoides Hedw. (Anexo 20)

Turfeiras, prados húmidos, dispersos.

Colecções: Pântano minerotrófico, 49°10.354 22°03.626, 380 m a.s.l., 12 de junho de 2015;

piscinas, 49°10,354'; 22°03,626', 380 m a.s.l., 12 de junho de 2015.

Hygroamblystegium tenax (Hedw.) Jenn.

Syn. *Amblystegium tenax* (Hedw.) C. E. O. Jensen

Em sítios higromórficos, dispersos.

Coleção: Poças, 49°10,354'; 22° 03,626', 380 m a.s.l., 12 de junho de 2015.

Hypnum andoi A. J. E. Sm.

Epífita em bosques, dispersa.

Coleção: Ecossistema florestal, epífita, bétula, 49°10,360'; 22°03,559', 400 m a.s.l., 21 de julho de 2015.

Hypnum cupressiforme Hedw.

Por uma série de motivos, abundantes.

Colecções: Ecossistema florestal, prados movidos, planície de inundação de ervas altas, 380 - 460 m a.s.l., 12 de junho de 2015 - 21 de julho de 2015.

Hypnum , pratense (Rabenh.) W. D. J. Koch ex Hartm.

Turfeiras, prados húmidos.

Coleção: Pântano minerotrófico, 49°10,354'; 22° 03,626', 380 m a.s.l., 12 de junho de 2015.

Orthotrichum stramineum Hornsch. ex Brid.

Epífita em bosques, dispersa.

Coleta: Ecossistema florestal, 49°10,360'; 22°03,559', 400 m a.s.l., 21 de julho de 2015.

Oxyrrhynchium speciosum (Brid.) Warnst.

Syn. *Eurhynchium speciosum* (Brid.) Jur.

Pedras, madeira, habitats húmidos.

Coleção: Ecossistema florestal, raiz de amieiro, 49°10,290'; 22°03,500', 386 m a.s.l., 21 de julho de 2015.

Philonotis fontana (Hedw.) Brid.

Prados húmidos, povoamentos primaveris.

Coleção: Pântano minerotrófico, 49°10,342'; 22°03,608', 380 m a.s.l., 12 de junho de 2015.

Plagiomnium affine (Blandow ex Funck) T. J. Kop. (Anexo 22)

Ocorre em florestas de caducifólias e coníferas, prados, frequentemente.

Colecções: Ecossistema florestal, prados movidos, planície de inundação de ervas altas, 380 - 460 m a.s.l., 12 de junho de 2015 - 21 de julho de 2015.

Plagiomnium elatum (Bruch et Schimp.) T. J. Kop

Turfeiras, prados húmidos, dispersos.

Colecções: Pântano minerotrófico, 49°10,342'; 22° 03,608', 380 m a.s.l., 12 de junho de 2015;

Planície de inundação de ervas altas, 49°10,329'; 22° 03,614', 380 m a.s.l., 12 de junho de 2015.

Plagiomnium undulatum (Hedw.) T. J. Kop.

Florestas, prados, zonas húmidas, dispersas.

Coleção: Várzea de ervas altas, 49°10,329'; 22° 03,614', 380 m a.s.l., 12 de junho de 2015.

Plagiothecium cavifolium (Brid.) Z. Iwats.

Syn. *Plagiothecium roeseanum* B.S.G.

Habitats florestais sombreados, dispersos.

Coleta: Ecossistema florestal, 49°10,397'; 22°03,609', 410 m a.s.l., 21 de julho de 2015.

Platygyrium repens (Brid.) Schimp.

Epífita sobre lenho, raramente.

Coleção: Ecossistema florestal, madeira morta, 49° 10,397'; 22°03,609', 410 m a.s.l., 21 de julho de 2015.

Pleurozium schreberi (Willd. ex Brid.) Mitt. (Anexo 23)

O solo dos bosques, dos prados, muitas vezes.

Coleta: Ecossistema florestal, solo, 49°10,370'; 22°03,53r, 403 m a.s.l., 21 de julho de 2015.

Pseudoscleropodium purum (Hedw.) M. Fleisch.

Syn. *Scleropodium purum* (Hedw.) Limpr.

Ecossistema florestal, especialmente pinheiros, disperso.

Coleta: Ecossistema florestal, solo, 49° 10.379'; 22° 03.731', 390 m a.s.l., 21 de julho de 2015.

Pylaisiapolyantha (Hedw.) Schimp.

Casca de árvores de folha caduca e de coníferas, dispersa.

Coleção: Ecossistema florestal,, faia epífita, 49° 10.379'; 22° 03.731', 390 m a.s.l., 21 de julho de 2015.

Scorpidium cossonii (Schimp.) Hedenas

Syn. *Drepanocladus cossonii* (Schimp.) Loeske

Turfeiras, prados alagados, frequentemente.

Colecções: Charcos, pântano minerotrófico, 380 m a.s.l., 12 de junho de 2015.

Thuidium delicatulum (Hedw.) Schimp.

Locais com relva, dispersos.

Coleção: Prados movidos, 49°10,368'; 22°03,624', 396 m a.s.l., 21 de julho de 2015

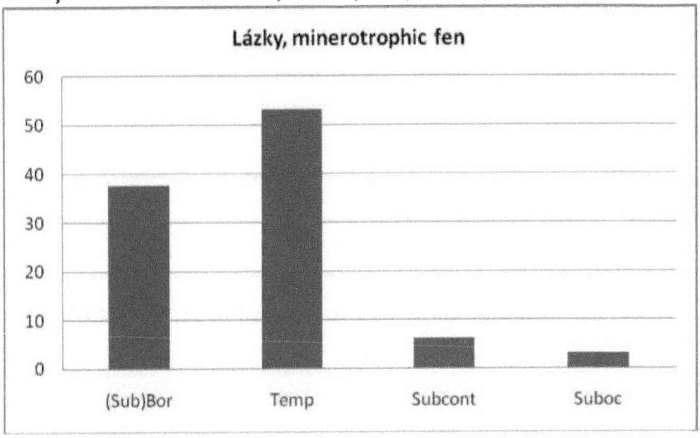

Fig. 9. Participação dos tipos de áreas na Zona Especial de Conservação Lazky. (Sub)Bor - Boreal e subboreal, Temp - Temperado, Subcont - Subcontinental, Suboc - Suboceânico.

4.5 Caudal superior do riacho Vyrava (Fig. 10)

Fig. 10. Riacho Vyrava

O tipo de área dominante é o temperado (Fig. 11). O ecossistema predominante nesta Zona Especial de Conservação, na planície de inundação do ribeiro Vyrava, é o amieiro ripícola. Embora os solos contenham muito cascalho, são argilosos e, devido ao elevado nível do lençol freático, são húmidos. As inundações periódicas são uma fonte de nutrientes, pelo que o teor de nutrientes e azoto do solo é elevado. O território estende-se desde a aldeia de Vyrava (350 m a.s.l.) até à aldeia de Zbojne (290 m a.s.l.), a extensão da vegetação costeira é de 7,1 km e a amplitude altimétrica é de 60 m. Na área tratada registámos plantas invasoras *Fallopia japonica* e *Heracleum mantegazzianum* (49° 11.254'; 22° 00,515').

Os ecossistemas significativos para a presença de briófitos na planície de inundação do ribeiro Vyrava são: As pedras do curso de água abrigam *Rhynchostegium riparioides, Schistidium rivulare* e outras espécies. O crescimento do fundo nu (Recinto 24) (Barragem acima de Zbojne) coloniza *Hygroamblystegium varium, Oxyrrhynchium speciosum* e outras. A casca das árvores constitui um habitat adequado para *Bryum capillare, Orthotrichum affine* e outras espécies e a madeira de amieiro ripícola para *Marchantia polymorpha, Pellia neesiana, Eurhynchium angustirete* e muitas outras espécies.

Hepaticopsida

Liochlaena lanceolata Nees

Sin. *Jungermannia leiantha* Grolle

Solo húmido ao longo de cursos de água, raro.

Peciar (1985) coletou o musgo no tronco na floresta perto do riacho, 350 m a.s.l.

Marchantia , polymorpha L.

Em vários habitats, dispersos.

Colecções: Solo húmido na margem do riacho, bosque de amieiros ripícolas 309 - 335 m a.s.l., 22 de julho de 2015.

Pellia neesiana (Gottsche) Limpr.

Nas margens dos riachos, dispersos.

Coleção: Solo úmido na margem do riacho, mata ciliar de amieiros , 338 m a.s.l., 49° 10,576'; 22° 01,324'; 22 de julho de 2015.

Plagiochila asplenioides (L.) Dumort.

Em vários habitats, dispersos.

Solo húmido na margem do rio, bosque ribeirinho de amieiros, 309 - 336 m a.s.l., 22 de julho de 2015.

Scapania undulata (L.) Dumort.

Em água corrente, dispersos.

Coleção: Rivulet Vyrava, água corrente, 49°10.542'; 22°01.342', 340 m a.s.l., 22 de julho de 2015.

Schistochilopsis incisa (Schrad.) Konst.

Sin. *Lophozia incisa* (Schrad.) Dumort

A madeira podre, raramente.

Coleção: Acima da aldeia de Zbojne, mata ciliar de amieiros, 49°09,169'; 22°00,599',

290 m a.s.l., 12 de junho de 2015.

Muscopsida

Amblystegium serpens (Hedw.) Schimp

As bases das árvores, pedras, espalhadas.

Coleção: Sob o povoado de Vyrava, mata ciliar de amieiros, 49° 11,305'; 22°00,497', 340 m a.s.l., 3 de junho de 2015.

Brachytheciastrum velutinum (Hedw.) Ignatov et Huttunen

Syn. *Brachythecium velutinum* (Hedw.) Schimp.

Pedras, raízes, bases de árvores, abundantes.

Colecções: Madeira de amieiro ribeirinha, acima do assentamento Zbojne, abaixo do assentamento Vyrava, 290 - 340 m a.s.l., 3 de junho de 2015 - 12 de junho de 2015.

Brachythecium rivulare Schimp.

Em pedras de riachos e nascentes, dispersas.

Colecções: Sob o assentamento Vyrava, madeira de amieiro ribeirinha, pedras inundadas, 49°11,259'; 22°00,543', 340 m a.s.l., 3 de junho de 2015.

Brachythecium rutabulum (Hedw.) Schimp.

Bases de árvores, cepos, solo, abundante.

Coleção: Sob o Assentamento Vyrava, mata ciliar de amieiros, 49°11,301'; 22°00,503', 340 m a.s.l., 3 de junho de 2015.

Brachythecium salebrosum (Hoffm. ex F. Weber et D. Mohr) Schimp

Pedras, madeira em decomposição, cepos, bases de árvores, abundantes.

Colecções: Madeira de amieiro ribeirinha acima da povoação de Zbojne, sob a povoação de Vyrava, margem da barragem, 290 - 340 m a.s.l. 2015.

Bryum capillare Hedw.

Árvores e bases de troncos, epífitas.

Colecções: Madeira de amieiro ribeirinha sob o Assentamento Vyrava, 335-340 m a.s.l., 3 de junho de 2015.

Calliergon giganteum (Schimp.) Kindb.

Zonas húmidas, trincheiras, dispersas.

Coleção: Acima da povoação de Zbojne, 49°09,173'; 22°00,607', costa húmida de Riacho Vyrava, 290 m a.s.l., 12 de junho de 2015.

Ceratodon, purpureus (Hedw.) Brid.

Em diferentes fundos, habitats secundários.

Coleção: Barragem acima da povoação de Zbojne, muro da barragem (Recinto 26), 49°09,176';

22° 00,597', 300 m a.s.l., 23 de junho de 2015.

Eurhynchium angustirete (Broth.) T. J. Kop.

Solo na floresta, pedras, bases de árvores, espalhadas.

Coleção: Acima de Zbojne Settlement, madeira de amieiro ripária 49°09,170'; 22°00,567', 290 m a.s.l., 12 de junho de 2015.

Eurhynchium striatum (Hedw.) Schimp.

Solo na floresta, pedras, bases de árvores, espalhadas.

Colecções: Acima de Zbojne Settlement, madeira de amieiro ribeirinha, solo húmido, 289 - 290 m a.s.l., 12 de junho de 2015.

Fissidens exilis Hedw.

Solo húmido.

Coleção: Sob o Assentamento Vyrava, mata ciliar de amieiros, 49°11,297'; 22° 00,491', 340 m a.s.l., 3 de junho de 2015.

Homalothecium philippeanum (Spruce) Schimp. (Anexo 25)

Rochas calcárias sombreadas.

Coleção: Barragem acima do Assentamento Zbojne, uma parede da barragem, 49°09,181'; 22°00,579', 300 m a.s.l., 23 de junho de 2015.

Hygroamblystegium varium (Hedw.) Monk.

Syn. *Amblystegium varium* (Hedw.) Lindb.

Rochas húmidas, raramente.

Coleção: Barragem acima do assentamento Zbojne, crescimento de fundo nu, 49° 09,183'; 22° 00,609', 300 m a.s.l. 23 de junho de 2015.

Hypnum cupressiforme Hedw.

Em diferentes habitats, abundante.

Colecções: Madeira de amieiro ripária, parede da barragem, 290 - 340 m a.s.l., 3 de junho - 23 de junho, 2015.

Leskea , polycarpa Hedw.

Caules de árvores, raízes, pedras, espalhados.

Coleção: Sob o Assentamento Vyrava, 340 m a.s.l., caule de bétula, 49° 11,231'; 22° 00,569', 3 de junho de 2015.

Leucodon sciuroides (Hedw.) Schwagr. (Anexo 27)

Epífitas em árvores velhas, rochas, dispersas.

Colecções: Tronco de amieiro caído no fundo nu da barragem, rochas em bosque de amieiros ribeirinhos, 290 - 300 m a.s.l., 12 de junho de 2015 - .23 de junho de 2015.

Nyholmiella obtusifolia (Brid.) Holmen et E. Warncke

Sin. *Orthotrichum obtusifolium* Brid., Epífita, mais frequentemente em salgueiro.

Coleção: The darn, acima de Priehrada acima de Zbojne, tronco de amieiro caído no fundo nu da barragem, 49°09,245; 22°00,548, 300 m a.s.l., 23 de junho de 2015.

Orthotrichum affine Schrad. ex Brid.

Na casca de árvores de folha caduca, dispersa.

Coleção: Sob o Assentamento Vyrava, 49° 11,259'; 22°00,543', 340 m a.s.l., 3 de junho de 2015.

Orthotrichum speciosum Nees

Na casca de árvores de folha caduca, dispersa.

Colecções: Sob o assentamento de Vyrava, 22.008283; 49.188417, 340 m a.s.l., 3 de junho de 2015; O escuro, acima de Priehrada acima de Zbojne, tronco de amieiro caído no fundo da barragem nua, 22.009133; 49.154083, 300 m a.s.l., 23 de junho de 2015.

Oxyrrhynchium speciosum (Brid.) Warnst.

Syn. *Eurhynchium speciosum* (Brid.) Jur.

Substratos diferentes, perto de água.

Colecções: Acima do assentamento Zbojne, madeira em decomposição na margem do riacho, 290 m a.s.l., 12 de junho de 2015; A barragem acima do assentamento Zbojne, crescimento do fundo nu, 300 m a.s.l., 23 de junho de 2015.

Plagiomnium affine (Blandow ex Funck) T. J. Kop.

Solo nos bosques, prados, muitas vezes.

Coleção: Barragem acima do Assentamento Zbojne, uma floresta de coníferas na margem, 49°09,327'; 22°00,587', 300 m a.s.l., 23 de junho de 2015.

Plagiomnium cuspidatum (Hedw.) T. J. Kop.

O solo nos bosques, as bases das árvores, espalhadas.

Coleção: Barragem acima do assentamento Zbojne, o aterro da barragem, 49°09,188'; 22°00,559', 300 m a.s.l. 23 de junho de 2015.

Plagiomnium rostratum (Schrad.) T. J. Kop.

Solo, locais húmidos, dispersos.

Colecções: Sob o Assentamento Vyrava, solo húmido, 340 m a.s.l., 3 de junho de 2015; Barragem acima do Assentamento Zbojne, o aterro da barragem, 300 m a.s.l., 23 de junho de 2015.

Plagiomnium undulatum (Hedw.) T. J. Kop.

Locais húmidos em florestas, ao longo de riachos, dispersos.

Colecções: Madeira de amieiro ripária, 338 - 340 m a.s.l., 3 de junho de 2015.

Pseudoscleropodium , purum (Hedw.) M. Fleisch.

Na floresta, muitas vezes.

Colecções: Darn acima do assentamento Zbojne, o aterro da barragem, 300 m a.s.l., 23 de junho de 2015; uma floresta de coníferas na margem, 300 m a.s.l., 23 de junho de 2015.

Rhynchostegium riparioides (Hedw.) Cardot (Anexo 28)

Syn. *Platyhypnidium riparioides* (Hedw.) Dixon

Pedras em águas correntes, muitas vezes.

Colecções: Acima do assentamento Zbojne, pedras inundadas no rio Vyrava, 289 - 290 m a.s.l., 12 de junho de 2015.

Schistidium apocarpum (Hedw.) Bruch et Schimp.

Em rochas de diferentes tipos, muitas vezes.

Coleção: Barragem acima do Assentamento Zbojne, parede da barragem, 298 - 300 m a.s.l., 23 de junho de 2015.

Schistidium rivulare (Brid.) Podp.

Pedras inundadas, dispersas.

Coleção: Acima da povoação de Zbojne, pedras no rio Vyrava, 49°09,168'; 22°00,606', 290 m a.s.l., 12 de junho de 2015.

Sciuro-hypnum starkii (Brid.) Ignatov et Huttunen

Sin. *Brachythecium starkii* (Brid.) Schimp.

Solo da floresta, cepos, raízes, pedras, abundantes.

Coleta no Assentamento Vyrava, madeira de amieiro ripária, solo, 49° 11,301'; 22°00,503', 340 m a.s.l., 3 de junho de 2015.

Seligeria recurvata (Hedw.) Bruch et Schimp.

Em rochas com menor teor de calcário, dispersas.

Peciar (1985) recolheu a espécie perto da povoação de Vyrava, perto do riacho Vyrava em rochas húmidas, a 350 m de altitude.

Syntrichia ruralis (Hedw.) F. Weber et D. Mohr

Rochas, muros, habitats secundários, muitas vezes.

Coleção: Barragem Acima do Assentamento Zbojne, parede da barragem,, 49°

09,176'; 22° 00,597', 300 m a.s.l., 23 de junho de 2015.

Thuidium delicatulum (Hedw.) Schimp.

Habitats com relva, florestas, frequentemente.

Coleção: Barragem acima da povoação de Zbojne, o dique da barragem, 49° 09,188'; 22° 00,559', 300 m a.s.l., 23 de junho de 2015.

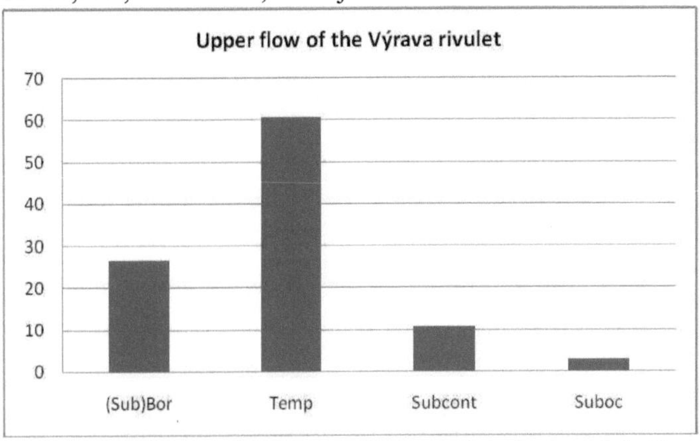

Fig. 11. Participação dos tipos de áreas na Zona Especial de Conservação Caudal superior do riacho Vyrava. (Sub)Bor - Boreal e subboreal, Temp - Temperado, Subcont - Subcontinental, Suboc - Suboceânico

CAPÍTULO 5

DISCUSSÃO

A síntese dos briófitos identificados nos sítios avaliados é apresentada no quadro seguinte (Quadro 1).

Site		Brekov Castle Hill	Humenne Sokol Hill	Hostovice meadows	Fen **Lázky**	**Výrava** rivulet
Abietinella abietina	Subbor	•	.	.	.	.
Alleniella besseri	Subcont	.	•	.	.	.
Alleniella complanata	Temp	•	•	.	.	.
Amblystegium serpens	Temp	•	•	.	.	•
Anomodon attenuatus	Subcont	.	•	.	.	.
Anomodon viticulosus	Temp	•	•	.	.	.
Atrichum undulatum	Temp	•	•	.	•	.
Aulacomnium palustre	Bor	•	•	•	.	.
Blepharostoma trichophyllum	Subbor	.	•	.	.	.
Barbula unquiculata	Temp	•	.	.	•	.
Brachytheciastrum velutinum	Temp	•	•	.	•	•
Brachythecium rivulare	Subbor	.	.	.	•	•
Brachythecium rutabulum	Temp	.	•	.	•	•
Brachythecium salebrosum	Subbor	•	•	•	•	•
Brachythecium tommasinii	Subcont	.	•	.	.	.
Bryoerythrophyllum recurvirostrum	Temp	.	•	.	.	.
Bryum capillare	Temp	.	•	.	.	•
Bryum argenteum	Temp	•	.	.	.	.
Bryum caespiticium	Temp	•	.	.	.	.
Bryum moravicum	Temp	•	.	.	.	.
Bryum pseudotriquetrum	Temp	•	•	•	•	.
Callicladium haldanianum	Subcont	.	.	•	.	.
Calliergon giganteum	Bor	.	.	.	.	•
Calliergonella cuspidata	Temp	.	.	•	•	.
Campylium stellatum	Bor	.	.	•	•	.
Ceratodon purpureus	Temp	•	.	.	.	•
Cirriphyllum piliferum	Subbor	.	.	.	•	.
Climacium dendroides	Subbor	.	•	•	.	.
Cratoneuron filicinum	Temp	.	•	.	.	.
Ctenidium molluscum	Temp	.	•	.	•	.
Cyrtomnium hymenophylloides	Subarc	.	•	.	.	.
Dicranum bonjeanii	Bor	.	.	.	•	.
Dicranum montanum	Subbor	.	•	•	.	.
Dicranum scoparium	Subbor	.	•	.	.	.

Dicranella heteromalla	Temp	.	•	.	.	.
Ditrichum flexicaule	Subbor	.	•	.	.	.
Ditrichum heteromallum	Bor	.	•	.	.	.
Encalypta streptocarpa	Subbor	•	•	.	.	.
Encalypta vulgaris	Submed	•	.	.	.	.
Entodon concinnus	Suboc	.	•	.	.	.
Eurhynchium angustirete	Subcont	•	•	.	.	•
Eurhynchium striatum	Suboc	.	.	.	.	•
Exsertotheca crispa	Temp	.	•	.	.	.
Fissidens adianthoides	Subbor	.	.	.	•	.
Fissidens dubius	Temp	.	•	.	.	.
Fissidens exilis	Temp	.	•	.	.	•
Frullania dilatata	Temp	.	•	.	.	.
Funaria hygrometrica	Temp	.	•	.	.	.
Grimmia orbicularis	Submed	•	•	.	.	.
Grimmia pulvinata	Temp	•	•	.	.	.
Gymnostomum aeruginosum	Bor	.	•	.	.	.
Hamatocaulis vernicosus	Bor	.	.	•	.	.
Herzogiella seligeri	Subbor	.	•	.	.	.
Homalia trichomanoides	Temp	.	•	.	.	.
Homalothecium philippeanum	Subcont	•	•	.	.	•
Homalothecium sericeum	Temp	•	•	.	.	.
Homomallium incurvatum	Subbor	•	.	.	.	.
Hygroamblystegium tenax	Temp	.	.	.	•	.
Hygroamblystegium varium	Temp	.	.	.	.	•
Hylocomium splendens	Subbor	.	•	.	.	.
Hymenostylium recurvirostrum	Bor	.	•	.	.	.
Hypnum andoi	Temp	.	.	.	•	.
Hypnum cupressiforme	Temp	•	•	•	•	•
Hypnum pratense	Subcont	.	.	.	•	.
Hypnum vaucheri	Bor	.	•	.	.	.
Chiloscyphus profundus	Temp	.	•	•	•	.
Isothecium alopecuroides	Temp	.	•	.	.	.
Kindbergia praelonga	Subarc	•	•	.	.	.
Leskea polycarpa	Temp	•	•	.	.	•
Lejeunea cavifolia	Suboc	.	•	.	.	.
Leucodon sciuroides	Temp	•	•	.	.	•
Liochlaena lanceolata	Bor	.	.	.	.	•
Mannia fragrans	Submed	•	•	.	.	.
Marchantia polymorpha	Temp	.	•	.	.	•
Metzgeria conjugata	Suboc	.	•	.	.	.
Metzgeria furcata	Temp	•	•	.	.	.
Mnium stellare	Bor	.	•	.	.	.

Nyholmiella obtusifolia	Subcont	.	.	.	.	•
Orthotrichum affine	Temp	.	.	.	.	•
Orthotrichum cupulatum	Temp	.	•	.	.	.
Orthotrichum pallens	Subbor	.	•	.	.	.
Orthotrichum speciosum	Subcont	.	.	.	.	•
Oxyrrhynchium hians	Temp	•	•	.	.	.
Oxyrrhynchium schleicheri	Submed	•	.	.	.	.
Oxyrrhynchium speciosum	Temp	•	•	.	•	•
Orthotrichum stramineum	Suboc	.	.	.	•	.
Pellia neesiana	Bor	.	.	.	.	•
Philonotis fontana	Temp	.	.	.	•	.
Plagiochila asplenioides	Temp	.	.	.	.	•
Plagiochila porelloides	Subbor	.	•	.	.	.
Plagiomnium affine	Temp	.	.	•	•	•
Plagiomnium cuspidatum	Subbor	•	•			•
Plagiomnium elatum	Bor	.	.	•	•	.
Plagiomnium rostratum	Temp	•	•	.	.	•
Plagiomnium undulatum	Temp	•	•	.	•	•
Plagiothecium cavifolium	Bor	.	.	.	•	.
Plagiothecium denticulatum	Subbor	.	•	.	.	.
Plagiothecium nemorale	Temp	.	•	.	.	.
Platygyrium repens	Subcont	.	.	•	•	.
Pleurozium schreberi	Subbor	.	.	.	•	.
Pohlia nutans	Subbor	.	•	.	.	.
Polytrichum commune	Subbor	.	•	.	.	.
Polytrichum formosum	Temp	.	•	.	.	.
Porella platyphylla	Temp	.	•	.	.	.
Pseudoamblystegium subtile	Subcont	•	•	.	.	.
Pseudoleskeella catenulata	Bor	.	•	.	.	.
Pseudoscleropodium purum	Temp	.	.	.	•	•
Pterigynandrum filiforme	Bor	.	•	.	.	.
Ptilidium pulcherrimum	Bor	.	•	.	•	.
Pylaisia polyantha	Subbor	•	•	.	•	.
Rhizomnium punctatum	Suboc	.	•	.	.	.
Rhytidiadelphus squarrosus	Subbor	•	•	.	.	.
Rhytidiadelphus triquetrus	Subbor	.	•	.	.	.
Rhynchostegium riparioides	Temp	.	.	.	.	•
Sanionia uncinata	Bor	•	•	.	.	.
Sarmentypnum exannulatum	Bor	.	.	•	.	.
Sarmentypnum sarmentosum	Subarc	.	.	•	.	.
Scapania undulata	Temp	.	.	.	.	•
Sciuro-hypnum starkii	Bor	.	.	.	.	•
Seligeria recurvata	Subbor	.	.	.	.	•

Schistidium apocarpum	Temp	•	•	.	.	•
Schistidium rivulare	Bor	.	.	.	.	•
Schistochilopsis incisa	Bor	.	.	.	.	•
Sciuro-hypnum plumosum	Suboc	.	•	.	.	.
Sciuro-hypnum populeum	Temp	.	•	.	.	.
Sciuro-hypnum reflexum	Bor	•		.	.	.
Sciuro-hypnum starkii	Bor	•	•	.	.	.
Scorpidium cossonii	Bor	.	.	.	•	.
Syntrichia montana	Submed	•	.	.	.	.
Syntrichia ruralis	Temp	•	•	.	.	•
Syntrichia virescens	Temp	•	.	.	.	.
Taxiphyllum wissgrillii	Suboc	.	•	.	.	.
Tetraphis pellucida	Holarc	.	•	.	.	.
Thuidium delicatulum	Temp	.	•	.	•	•
Thuidium recognitum	Suboc	•	•	.	.	.
Tortella inclinata	Temp	•	.	.	.	.
Tortella tortuosa	Bor	•	•	.	.	.

Tab. 1. Presença de espécies registadas de briófitos nos ecossistemas tratados. Tipos de área: Bor - Boreal, Holarc - Holárctico, Subarc - Subártico, Subbor - Subboreal, Subcont - Subcontinental, Suboc - Suboceânico, Submed - Submediterrânico, Temp - Temperado.

5. 1AVALIAÇÃO BRIO-FLORÍSTICA DE ZONAS ESPECIAIS

5.1. 1Colina do Castelo de Brekov

Ecossistemas florestais

Os solos dos ecossistemas florestais suportam os briófitos Metzgeria furcata, Atrichum undulatum, Barbula unguiculata, Eurhynchium angustirete, Oxyrrhynchium schleicheri, Rhytidiadelphus squarrosus, Sciuro-hypnum reflexum, Sciuro-hypnum starkei, Oxyrrhynchium hians, Oxyrrhynchium speciosum, Plagiomnium cuspidatum, P. rostratum e P. undulatum. O solo húmido no ecossistema florestal suporta Aulacomnium palustre, Bryum pseudotriquetrum e Kindbergia praelonga. A madeira em decomposição no solo da floresta é ocupada por Amblystegium serpens, Brachytheciastrum velutinum, Plagiomnium rostratum, Pylaisia polyantha, Sciuro-hypnum reflexum e nas superfícies cortadas dos cepos ocorre frequentemente Brachythecium salebrosum.

Epífitas

A casca das árvores mais velhas no ecossistema florestal constitui um habitat para Metzgeria furcata, Alleniella complanata, Anomodon viticulosus, Brachythecium salebrosum, Bryum moravicum, Hypnum cupressiforme, Leskea polycarpa, Leucodon sciuroides, Pseudoamblystegium subtile, Pylaisia polyantha, Sanionia uncinata, Syntrichia ruralis e Syntrichia virescens.

As falésias calcárias e a estepe rochosa

As rochas mesozóicas do interior dos Cárpatos constituem um substrato adequado para briófitos calcífilos. Em pedras iluminadas pelo sol, registámos Abietinella abietina, Encalypta streptocarpa, Encalypta vulgaris, Grimmia orbicularis, G. pulvinata, Homalothecium philippeanum, H. sericeum, Leucodon sciuroides, Schistidium apocarpum, Syntrichia montana, Tortella inclinata e T. tortuosa. Nos detritos calcários cresce Mannia fragrans e nas rochas calcárias sombreadas crescem Alleniella complanata, Amblystegium serpens, Brachytheciastrum velutinum, Homomallium incurvatum, Hypnum cupressiforme, Plagiomnium rostratum, Sanionia uncinata e Thuidium recognitum.

Ruínas do castelo

A caraterística dominante acima da aldeia de Brekov são as ruínas do castelo, no ponto mais alto do território, a 280 m de altitude, e habitat de espécies como Anomodon viticulosus, Bryum argenteum e Encalypta streptocarpa.

Habitats secundários

Em sítios pisoteados ou degradados ocorrem Bryum caespiticium, Ceratodon purpureus, Syntrichia ruralis.

Complexo de prados

Os caminhos de acesso à ruína do castelo são acompanhados por prados dominados por junça (Carex digitata), festuca (Festuca ovina) e erva-das-torres (Brachypodium pinnatum). Este habitat alberga espécies como Rhytidiadelphus squarrosus, Abietinella abietina e Sanionia uncinata.

Proteção do sítio

O biótopo das falésias e rochas mesozóicas está relativamente fora de perigo. A visita às ruínas do castelo pode estar na origem de danos no habitat.

5.1.2Humenne Sokol Hill

Ecossistemas florestais

O solo da floresta constitui um habitat para briófitas como Atrichum unduatum, Brachythecium rutabulum, B. salebrosum, Dicranella heteromalla, Dicranum scoparium, Eurhynchium angustirete, Hylocomium splendens, Mnium stellare, Plagiomnium rostratum, Plagiothecium denticulatum, Pohlia nutans, Polytrichum formosum, Rhytidiadelphus squarrosus, R. triquetrus, Sciurohypnum starkii e Taxiphyllum wissgrillii. Onde o solo é mais húmido, Marchantia polymorpha, Plagiochila porelloides, Aulacomnium palustre, Bryum pseudotriquetrum, Cratoneuron filicinum, Fissidens exilis, Kindbergia praelonga, Oxyrrhynchium hians, O. speciosum, Plagiomnium cuspidatum, P. undulatum, Plagiothecium nemorale, Polytrichum commune, Rhizomnium punctatum e Sciuro-hypnum plumosum. Nas raízes dos contrafortes podem encontrar-se Dicranum montanum, Eurhynchium angustirete, Oxyrrhynchium hians, Sciuro-hypnum starkii e Taxiphyllum wissgrillii. A madeira em decomposição no ecossistema florestal suporta Blepharostoma trichophyllum, Chiloscyphus profundus, Amblystegium serpens, Climacium dendroides, Herzogiella seligeri, Plagiomnium rostratum, Plagiothecium denticulatum, Pohlia nutans, Tetraphis pellucida e nas superfícies dos cepos Blepharostoma trichophyllum.

Epífitas

A casca de árvores florestais mais antigas é um substrato para espécies como Frullania dilatata, Chiloscyphus profundus, Metzgeria conjugata, M. furcata, Porella platyphylla, Ptilidium pulcherrimum, Alleniella besseri, A. complanata, Anomodon attenuatus, A. viticulosus, Brachytheciastrum velutinum, Bryum capillare, Herzogiella seligeri, Homalia trichomanoides, Homalothecium sericeum, Hypnum cupressiforme, Leskea polycarpa, Leucodon sciuroides, Orthotrichum pallens, Pseudoamblystegium subtile, Pterigynandrum filiforme, Pylaisia polyantha, Sanionia uncinata e Sciuro-hypnum populeum.

As falésias calcárias e a estepe rochosa

Em pedras iluminadas pelo sol, observámos as espécies Alleniella besseri, Anomodon viticulosus, Bryoerythrophyllum recurvirostrum, Ctenidium molluscum, Ditrichum flexicaule, Encalypta streptocarpa, Entodon concinnus, Grimmia orbicularis, G. pulvinata, Gymnostomum aeruginosum, Homalothecium philippeanum, Homalia trichomanoides, Homalothecium sericeum, Hypnum cupressiforme, Leucodon sciuroides, Orthotrichum cupulatum, Pseudoleskeella catenulata, Pterigynandrum filiforme, Schistidium apocarpum, Syntrichia montana, Tortella inclinata e T. tortuosa. Os detritos calcários suportam Mannia fragrans. Em rochas calcárias sombreadas, Lejeunea cavifolia, Metzgeria conjugata, Plagiochila porelloides, Alleniella complanata, Amblystegium serpens, Anomodon attenuatus, Brachythecium rutabulum, B. salebrosum, B. tommasinii, Brachytheciastrum velutinum, Cyrtomnium hymenophylloides, Exsertotheca crispa, Fissidens dubius, Hymenostylium recurvirostrum, Hypnum vaucheri, Isothecium alopecuroides, Mnium stellare, Sanionia uncinata, Sciuro-hypnum populeum, Syntrichia ruralis, Thuidium delicatulum e Thuidium recognitum.

Habitats secundários

Lareiras antigas, locais pisoteados ou degradados têm Ditrichum heteromallum e Funaria hygrometrica.

Proteção do sítio

O biótopo está relativamente fora de perigo. No futuro, está a ser considerado o desenvolvimento do turismo. Deve-se ter o cuidado de assegurar que os trilhos para caminhadas não atravessem os detritos.

1.1.1 Prados húmidos Hostovicke luky

Prados alagados

A diversidade ecológica de Hostovicke luky é pobre, a maior parte da área é constituída por solos alagados, criando condições adequadas para a enorme população de Iris sibirica. Estes solos são também habitat de Aulacomnium palustre, Bryum pseudotriquetrum, Campylium stellatum, Calliergonella cuspidata, Plagiomnium elatum, Sarmentypnum exannulatum, Sarmentypnum sarmentosum.

Prados húmidos

Localmente, o teor de água no solo é mais baixo, o que é adequado para Plagiomnium affine, Hamatocaulis vernicosus.

Birchbog

A diversidade ecológica, bem como a diversidade de espécies, é aumentada pelo povoamento local de bétula, no solo da floresta ocorrem Climacium dendroides e Dicranum montanum. A madeira em decomposição é um habitat adequado para Chiloscyphus profundus, Brachythecium salebrosum. Callicladium haldanianum. Hypnum cupressiforme e Platygium repens ocorrem como epítetos.

Proteção do sítio

A manutenção de um nível elevado de água subterrânea é uma condição prévia para a proteção do sítio. O biótopo deve ser protegido em toda a área no que diz respeito a todo o sistema hidrológico.

1.1.2 Pântano minerotrófico Lazky

Pântano minerotrófico

O pântano minerotrófico é o habitat mais valioso, proporcionando o ambiente para Bryum pseudotriquetrum, Calliergonella cuspidata, Campylium stellatum, Dicranum bonjeanii, Fissidens adianthoides, Philonotis fontana, Plagiomnium elatum, Scorpidium cossonii, Brachytheciastrum velutinum. No interior do pântano minerotrófico desenvolvem-se charcos com Hygroamblystegium tenax.

Floresta

Grande parte da área é constituída por uma floresta mista de faias e abetos. O solo da floresta constitui um habitat para Atrichum undulatum, Brachythecium salebrosum, Cirriphyllum piliferum, Ctenidium molluscum, Plagiothecium cavifolium, Pleurozium schreberi, Pseudoscleropodium purum. As bases das árvores, as raízes, a madeira em decomposição e os cepos são substratos para Oxyrrhynchium speciosum, Chiloscyphus profundus, Brachythecium rutabulum.

Epífita

A casca das árvores é um substrato para Ptilidium pulcherrimum, Hypnum andoi, Orthotrichum stramineum, Pylaisia polyantha, Platygyrium repens.

Prados cortados

Na vizinhança do ecossistema florestal encontram-se prados sub-montanhosos ceifados com Hypnum cupressiforme, Barbula unguiculata, Plagiomnium affine. Em locais com relva mais seca ocorre Thuidium delicatulum.

Planície de inundação de ervas altas

A planície de inundação de ervas altas suporta os briófitos Plagiomnium undulatum, Brachythecium rivulare, Plagiomnium affine, Calliergonella cuspidata, Campylium stellatum.

Proteção do sítio

A preservação da estrutura natural é uma condição essencial para a estabilidade das florestas mistas de faias e abetos. A manutenção de um nível elevado de água subterrânea é uma condição prévia para a proteção do pântano. A planície de inundação de ervas altas está ameaçada pela sucessão dos bosques.

1.1.3 Caudal superior do riacho Vyrava

Solos

Os solos das florestas ripícolas de amieiros preferem Eurhynchium angustirete, Eurhynchium striatum, Fissidens exilis, Plagiomnium affine, Plagiomnium cuspidatum, Plagiomnium rostratum, Pseudoscleropodium purum, Sciuro-hypnum starkii. Os solos húmidos ao longo dos cursos de água e das margens dos riachos suportam os briófitos Calliergon giganteum, Liochlaena lanceolata, Marchantia polymorpha, Pellia neesiana, Plagiochila asplenioides, Brachythecium rivulare, Hygroamblystegium varium, Plagiomnium undulatum, Schistidium rivulare.

Bases de árvores, cepos e madeira em decomposição

As bases das árvores, os cepos e a madeira em decomposição são substratos adequados para Amblystegium serpens, Brachytheciastrum velutinum, Brachythecium rutabulum, Brachythecium salebrosum, Schistochilopsis incisa, Oxyrrhynchium speciosum

Pedras

As pedras de folhagem proporcionam um habitat para Rhynchostegium riparioides, Scapania undulata, Schistidium apocarpum e Seligeria recurvata.

Epífitas

Suporte de casca de árvore Bryum capillare, Leskea polycarpa, Leucodon sciuroides, Nyholmiella obtusifolia , Orthotrichum affine, Orthotrichum speciosum.

Habitats secundários

No paredão da barragem de areia encontra-se Ceratodon purpureus, Syntrichia ruralis, Hypnum cupressiforme, nas zonas de relva Thuidium delicatulum e nas rochas calcárias sombreadas Homalothecium philippeanum.

Proteção do sítio

As zonas ribeirinhas são cada vez mais utilizadas para fins agrícolas. A degradação destes habitats conduz também à disseminação de espécies invasoras, tendo sido registadas a Fallopia japonica e a Heracleum mantegazzianum.

5.1 ANÁLISE FITOGEOGRÁFICA

	Brekov Castle Hill	Humenne Sokol Hill	Hostovice meadows	Minerotrophic fen Lazky	Upper flow of the Vyrava rivulet
(Sub)Bor	25,53	35,63	50,00	38,23	25,64
Temp	53,19	44,83	31,25	55,88	61,53
Submed	10,64	2,30	0,00	0,00	0,00
Subcont	6,38	5,75	12,50	2,94	10,25
Suboc	2,13	8,05	0,00	2,94	2,56
Subarc	2,13	2,30	6,25	0,00	0,00
Holarc	0,00	1,15	0,00	0,00	0,00

Tabela. 2. Percentagem de tipos de áreas nos sítios classificados

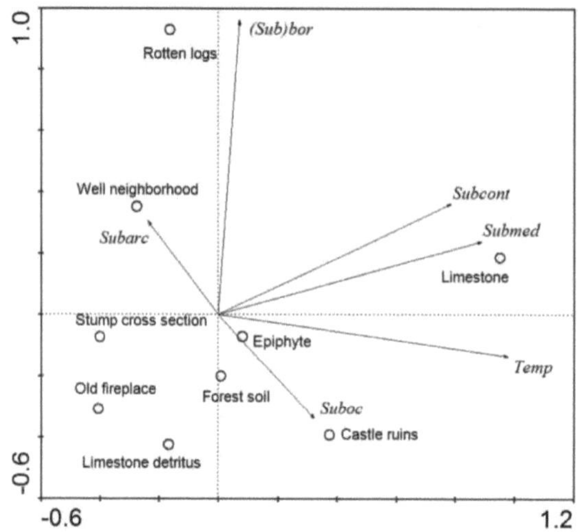

Fig. 12. PCA, preferência de tipos de área por habitat, Colina do Castelo de Brekov

Os ecossistemas predominantes na colina do castelo de Brekov são florestas dominadas por carpa (Carpinus betulus) e rochas mesozóicas. Prevalece o tipo de área temperada (53,2%), sendo notória uma elevada percentagem de espécies submediterrânicas (10,6%). O valor próprio é de 0,708, enquanto que na direção do segundo eixo o valor próprio é de 0,202.

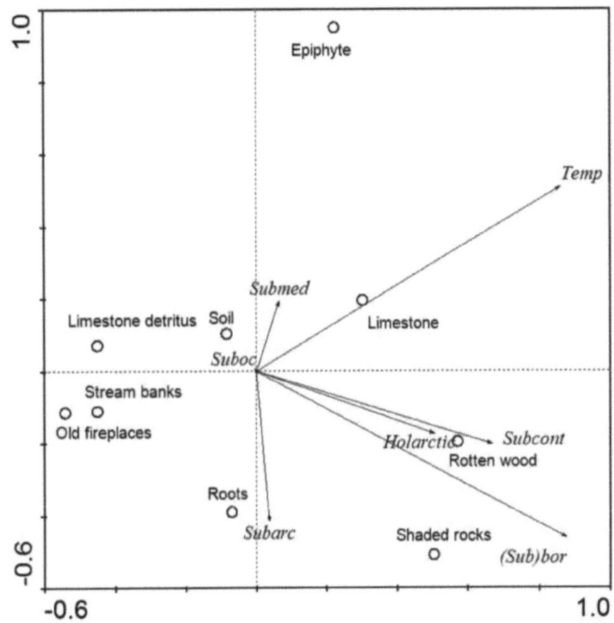

Fig. 13. PCA, preferência de tipos de área por habitat, Colina de Humenne Sokol

As comunidades predominantes na colina de Humenne Sokol são florestas de carvalho-faia, dominadas por briófitos temperados (44,8%). A percentagem de espécies suboceânicas é bastante elevada (8,1%). O valor próprio é de 0,691, enquanto na direção do segundo eixo o valor próprio é de 0,204.

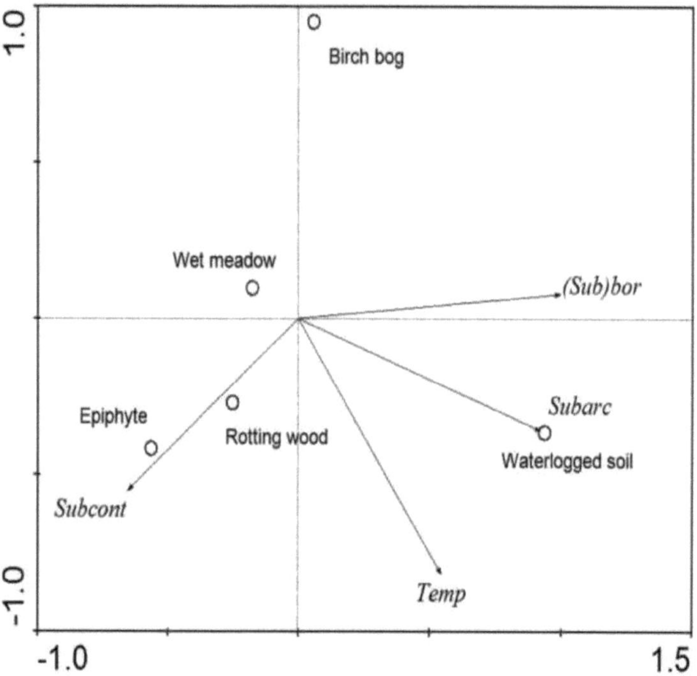

Fig. 14. PCA, preferência de tipos de área por habitat, prados de Hostovice.

A maior parte dos prados de Hostovice forma solos alagados, predominando o areal (sub)boreal (50,0%). O valor próprio é 0,825, enquanto na direção do segundo eixo o valor próprio é 0,141.

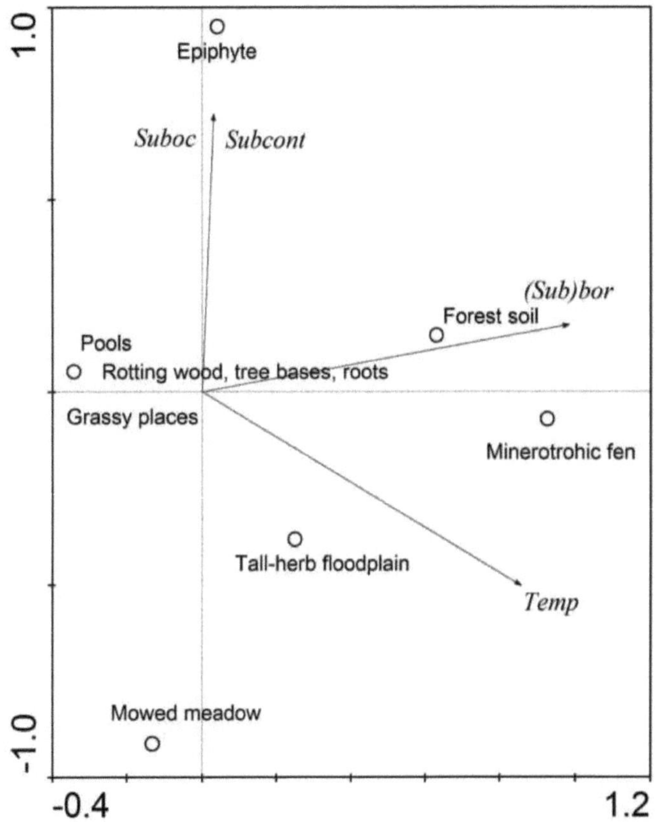

Fig. 15. PCA, preferência de tipos de área por habitat, pântano minerotrófico Lazky

Os principais habitats são o pântano minerotrófico e a floresta mista de faias e abetos. O tipo de área temperado prevalece (55,88%). O valor próprio é de 0,867, enquanto na direção do segundo eixo o valor próprio é de 0,111.

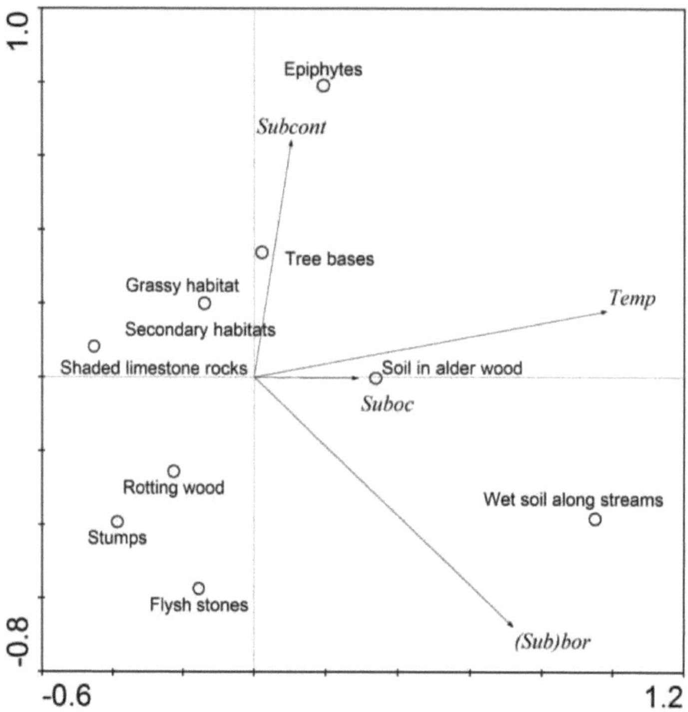

Fig. 16. PCA, preferência de tipos de área por habitat, caudal superior do riacho Vyrava.

O ecossistema mais difundido no caudal superior do riacho Vyrava é o bosque de amieiros ripícolas. O tipo de área temperada é predominante (61,53%). O valor próprio é de 0,774, enquanto que na direção do segundo eixo o valor próprio é de 0,165.

5.2.1 . Tipo de área (sub)boreal

Na colina do castelo de Brekov, o tipo de área (sub)boreal foi encontrado de forma óptima em madeira podre (Plagiomnium cuspidatum, Pylaisia polyantha, Sanionia uncinata, Sciuro-hypnum reflexum, Sciuro-hypnum starkei) (Fig. 12), enquanto outros habitats ocupados por espécies sub-boreais são calcário (Abietinella abietina), epífitas (Pylaisia polyantha), ruínas de castelo (Encalypta streptocarpa, Homomallium incurvatum), solo (Brachythecium salebrosum, Rhytidiadelphus squarrosus).

O tipo de área (sub)boreal é muito comum no sítio Humenne Sokol Hill, onde o dossel é formado por florestas de carvalho-faia dominadas por faia (Fagus sylvatica). No sítio Humensky Sokol, as espécies sub-boreais preferem a madeira podre (Fig. 13):

Blepharostoma trichophyllum, Chiloscyphus profundus, Climacium dendroides, Herzogiella seligeri e Plagiomnium cuspidatum. Outros habitats preferidos pelas espécies (sub)boreais são os calcários sombreados (Ditrichum flexicaule, Plagiochila porelloides). Outros habitats com registo de ocorrência de espécies sub-boreais são calcário iluminado pelo sol (Encalypta streptocarpa), solo (Dicranum scoparium, Hylocomium splendens, Polytrichum commune), epífita (Pylaisia polyantha), raízes de contraforte (Brachythecium salebrosum, Dicranum montanum, Plagiothecium denticulatum, Pohlia nutans, Rhytidiadelphus squarrosus, Rh. triquetrus).

Nos prados do sítio Hostovice (Fig. 14), dominados por solo alagado, o tipo de área (sub)boreal é o mais prevalente (50%). Aulacomnium palustre, Plagiomnium elatum, Sarmentypnum exannulatum, Campylium stellatum estão restritos ao solo alagado. Os outros habitats ocupados por espécies (sub)boreais são o vidoeiro (Climacium dendroides, Dicranum montanum), a madeira podre *(Brachythecium salebrosum),* o prado húmido *(Hamatocaulis vernicosus).*

No sítio Lazky (Fig. 15), as espécies (sub)boreais ocupam preferencialmente pântanos minerotróficos (*Campylium stellatum, Dicranum bonjeanii, Fissidens adianthoides, Plagiomnium elatum, Scorpidium cossonii)*. O solo florestal é também um habitat importante para as espécies (sub)boreais *Brachythecium salebrosum, Cirriphyllum piliferum, Plagiothecium cavifolium e Pleurozium schreberi.* A casca das árvores é um substrato para algumas espécies (sub)boreais *Ptilidium pulcherrimum, Pylaisia polyantha* e a planície de inundação de ervas altas para *Brachythecium rivulare.*

No local do caudal superior do riacho Vyrava, as espécies (sub)boreais ocupam preferencialmente solos húmidos ao longo dos riachos e das margens do riacho (Fig. 16) *Calliergon giganteum*, *Liochlaena lanceolata*, *Brachythecium rivulare*, *Schistidium rivulare.* Em solos mais secos ocorrem *Plagiomnium cuspidatum, Sciuro-hypnum starkii.* Outros habitats ocupados por espécies (sub)boreais são a madeira em decomposição (*Schistochilopsis incisa),* as pedras *(Seligeria recurvata), os cepos*

(Brachythecium salebrosum).

5.2.2 Tipo de área temperada

As espécies temperadas no local da colina do castelo de Brekov não se ligam significativamente a nenhum ecossistema (Fig. 12), ocupam a variedade de habitats, epífitas (Alleniella complanata, Bryum moravicum), madeira podre (Amblystegium serpens, Brachytheciastrum velutinum), calcário (Anomodon viticulosus), ruínas de castelo (Bryum argenteum), lareira velha (Bryum caespiticium) e solo húmido (Bryum pseudotriquetrum) ou solo mais seco (Barbula unguiculata, Atrichum undulatum, Plagiomnium undulatum).

Habitats semelhantes permitem o crescimento de espécies temperadas em Humensky Sokol (Fig. 13): madeira apodrecida (Amblystegium serpens, Brachytheciumrutabulum, Brachytheciastrum velutinum e Bryum capillare), solo (Atrichum undulatum, Dicranella heteromalla, Thuidium delicatulum), ao longo de riachos (Bryum pseudotriquetrum, Cratoneuron filicinum, Marchantia polymorpha), raízes de reforço (Fissidens exilis, Oxyrrhynchium hians, Polytrichum formosum), epífitas (Frullania dilatata, Homalia trichomanoides, Homalothecium sericeum, Hypnum cupressiforme, Leskea polycarpa, Leucodon sciuroides, Metzgeria furcata, Pterigynandrum filiforme e Sciuro-hypnum populeum) e lareira velha (Funaria hygrometrica), mas prefere calcários (e.g. Anomodon viticulosus, Ctenidium molluscum, Grimmia pulvinata, Plagiomnium rostratum e Syntrichia ruralis), falésias sombreadas (Fissidens dubius, Exsertotheca crispa, Porella platyphylla).

As espécies temperadas nas Zonas Especiais de Conservação Hostovice não favorecem fortemente nenhum ecossistema (Fig. 14), ocupando uma variedade de habitats: Madeira apodrecida (Chiloscyphus profundus), solo encharcado (Bryum pseudotriquetrum, Calliergonella cuspidata), epífita (Hypnum cupressiforme), prado húmido (Plagiomnium affine).

O pântano minerotrófico é um ecossistema substancial do sítio Lazky (Fig. 15) com Bryum pseudotriquetrum, Calliergonella cuspidata, Philonotis fontana, Brachytheciastrum velutinum, em planície de inundação de ervas altas Plagiomnium undulatum, *Plagiomnium affine, Calliergonella cuspidata* e Hygroamblystegium *tenax* em charcos. A madeira é um substrato frequente para espécies temperadas, a madeira podre é um substrato para Chiloscyphus profundus, na base das árvores e nos cepos ocorre Brachythecium rutabulum, as raízes preferem Oxyrrhynchium speciosum e Hypnum andoi cresce como epífita. O solo da floresta é o habitat das espécies temperadas Atrichum undulatum, Ctenidium molluscum, Pseudoscleropodium purum, as espécies temperadas ocorrem mais raramente nos prados ceifados (Hypnum cupressiforme, Barbula unguiculata, Plagiomnium affine) e nos prados relvados Thuidium delicatulum. As espécies temperadas nas Zonas Especiais de Conservação Lazky não favorecem fortemente nenhum ecossistema.

Uma parte substancial do caudal superior do riacho Vyrava é constituída por bosques de amieiros ribeirinhos. Os solos húmidos ao longo dos cursos de água e das margens do riacho são habitats de_Marchantia *polymorpha, Pellia neesiana, Plagiochila asplenioides, Scapania undula, Hygroamblystegium varium, Plagiomnium undulatum , Rhynchostegium riparioides.*

O solo florestal é o habitat preferido das espécies temperadas (Fig. 16), como *Fissidens exilis, Plagiomnium affine, Plagiomnium rostratum, Pseudoscleropodium purum.* A rocha seca ocupa *Schistidium apocarpum.* A madeira podre é um substrato para *Oxyrrhynchium speciosum,* as bases das árvores são habitats para *Amblystegium serpens, Brachytheciastrum velutinum, Brachythecium rutabulum.* Como epítetos ocorrem *Bryum capillare, Leskea polycarpa, Leucodon sciuroides, Orthotrichum affine. Ceratodon purpureus* e *Syntrichia ruralis* ocupam habitats secundários, o habitat herbáceo seco na parede arenosa da barragem é o habitat de *Thuidium delicatulum* e *Hypnum cupressiforme.*

5.2.3 Tipo de área sub-mediterrânica

Só foram registadas espécies sub-mediterrânicas nos sítios Brekov Castle Hill (Fig. 12) e Humenne Sokol Hill (Fig. 13). Nos sítios da colina do castelo de Brekov, o tipo de área submediterrânica é preferido pelas rochas calcárias (por exemplo, *Grimmia orbicularis, Mannia fragrans, Syntrichia montana* e outras), mas também ocorre no solo em ecossistemas florestais (*Oxyrrhynchium schleicheri*), tendo sido registada *Encalypta vulgaris* nas ruínas do castelo. Em consonância com os habitats dominantes, as espécies submediterrânicas são raramente encontradas nos habitats de Humenne Sokol, onde se restringem às rochas calcárias (Grimmia orbicularis e Mannia fragrans).

5.2.4 Tipo de área subcontinental

Diferentes habitats são ocupados por espécies subcontinentais na colina do castelo de Brekov, como Homalothecium philippeanum (calcário, Fig. 12) e Eurhynchium angustirete (madeira podre). Na colina Humenne Sokol, *Eurhynchium angustirete* cresce em madeira podre (Fig. 13) e *Alleniella besseri* em rochas calcárias sombreadas e *Anomodon attenuatus* ocorre em calcário. As espécies subcontinentais ocupam apenas ligeiramente os ecossistemas dos prados de Hostovice, por exemplo, *Callicladium haldanianum cresce em madeira podre, Platygyrium repens* cresce como epífita (Fig. 14). Esta espécie *(Platygyrium repens)* também ocorre como epífita no sítio Lazky (Fig. 15).

No local do fluxo superior do riacho Vyrava (Fig. 16), as espécies subcontinentais preferem locais epífitos *(Nyholmiella obtusifolia, Orthotrichum speciosum),* mas também ocorrem no solo (*Eurhynchium angustirete)* e em rochas calcárias sombreadas *(Homalothecium philippeanum).*

5.2.5 Tipo de área suboceânica

Os habitats de Humensky Sokol abrigam uma maior diversidade ecológica de espécies suboceânicas, por exemplo, solos (*Entodon concinnus*, *Metzgeria conjugata*), rochas (*Thuidium recognitum*), rochas sombreadas (*Lejeunea cavifolia*), ao longo de riachos (*Rhizomnium punctatum e Sciuro-hypnum plumosum*).

Noutros ecossistemas, as espécies suboceânicas ocorrem apenas raramente. No sítio Brekov Castle Hill, a espécie suboceânica *Thuidium recognitum* prefere as ruínas do castelo (Fig. 12). No sítio de Vyrava, a espécie suboceânica *Eurhynchium striatum* está limitada ao solo da floresta de amieiros (Fig. 16) e no sítio de Lazky a espécie *Orthotrichum stramineum* ocorre como epífita.

5.2.6 Tipo de área subárctica

O tipo de área subártico é representado por Cyrtomnium hymenophylloides, Kindbergia praelonga e Sarmentohypnum sarmentosum.

A espécie Kindbergia praelonga encontrou o seu ótimo nos níveis subalpino e alpino. A espécie Kindbergia praelonga ocorre tanto na colina do castelo de Brekov (Fig. 12) como em Humenne Sokol (Fig. 13). Na colina do castelo de Brekov, a espécie foi registada no ecossistema de floresta húmida nas imediações de um poço (Fig. 12) a uma altitude de 175 m a.s.l. (N 48°54.064'; E 21° 50.139'). Em Humenne Sokol, a espécie foi registada em raízes (Fig. 13) à altitude de 254 m a.s.l. A ocorrência da espécie Kindbergia *praelonga* a altitudes mais baixas não é rara. Chalubinski (1886) publicou a ocorrência a uma altitude de 600 m a.s.l. na Polónia Podhale, Smarda (1948) no Karst eslovaco a uma altitude de 400 m a.s.l., Peciar (1955) nos Montes Pieniny perto da Gruta de Aksamitka, a 500 m a.s.l. Nos Montes Pieniny, a espécie foi também registada por Blackburn et al (1997) no Canhão de Dunajec a uma altitude de 460 m a.s.l.

A espécie de montanha *Sarmentohypnum sarmentosum* foi registada em solo encharcado em prados húmidos Hostovice, associação *Caricion fuscae,* altitude 325 m a.s.l. (49°07.756'; 22°06.863'). *Sarmentypnum sarmentosum* foi registada por Chalubinski (1886) na Polónia Podhale e por Rybnicek et al. (1972) em Podbeskydska brazde Furrow.

A espécie de montanha *Cyrtomnium hymenophylloides* foi encontrada em rochas sombreadas na gruta de Dupna em Humenne Sokol a uma altitude de 360 m a.s.l.

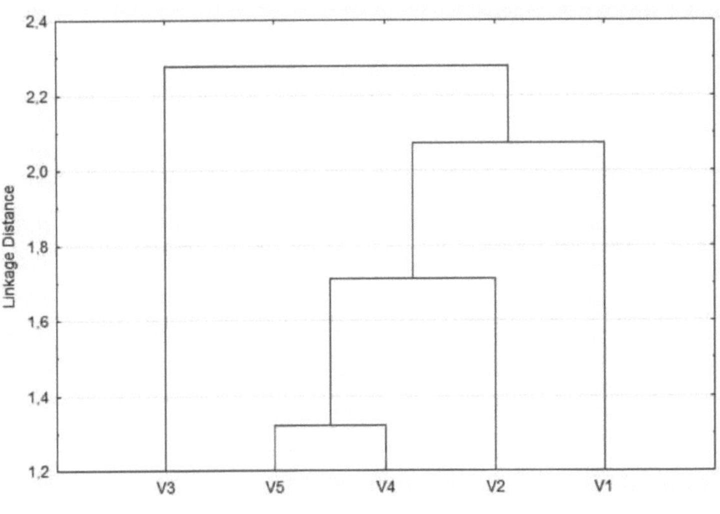

Fig. 17. Diagrama de árvore para 5 variáveis (sítios analisados). V1 - Colina do Castelo de Brekov; V2 - Colina de Humenne Sokol - V3 - Prados de Hostovice; V4 - Pântano minerotrófico Lazky; V5 - Caudal superior do riacho Vyrava

Na Fig. 17 observam-se dois grupos principais - o grupo Hostovice e os outros sítios. Os sítios Brekov Castle Hill (V1) e Humenne Sokol Hill (V2) são semelhantes em termos de estrutura - ecossistema florestal e calcários xerotérmicos. Para além das espécies dominantes (Sub)Boreais e Temperadas, estão também presentes espécies Submediterrânicas e Subárcticas. Os sítios Minerotrophic fen Lazky (V4) e Upper flow of the Vyrava rivulet (V5) são também semelhantes em termos de estrutura, uma grande parte cria ecossistema florestal, faltam espécies Submetinerrânicas e Subárcticas, Uma posição especial pertence ao sítio Hostovice meadows (V3), caracterizado por uma elevada percentagem de prados húmidos e praticamente sem ecossistema florestal. Em termos de fitogeografia, é caraterística uma elevada proporção de espécies (sub)boreais, uma proporção relativamente baixa de espécies temperadas e uma proporção relativamente elevada de espécies subcontinentais e subárcticas.

5.3 ESPÉCIES PROTEGIDAS

O capítulo Espécies protegidas inclui espécies incluídas na lista vermelha (Kubinska et al., 2001) e espécies protegidas por lei em toda a União Europeia, enumeradas no Anexo II da Diretiva Habitats Europeia.

Espécies europeias protegidas

Hamatocaulis vernicosus (Mitt.) Hedenas

Nos prados húmidos de Hostovice à altitude de 332 m a.s.l. (Assoc. *Caricion davallianae*) registámos uma espécie protegida europeia *Hamatocaulis vernicosus* (49° 07.723'; 22° 06.788'), 8 de julho de 2015. O musgo não cria tufos, as plantas individuais crescem sobre os tufos de outros musgos. Na Eslováquia, a maioria dos dados publicados sobre a ocorrência de *Hamatocaulis vernicosus* baseia-se numa identificação incorrecta.

Espécies incluídas na lista vermelha

Colina do Castelo de Brekov

Vulnerável (VU)

Kindbergia praelonga (VU)

Poço próximo, 48°54,064'; 21°50,139'; 175 m a.s.l., 3 de setembro de 2014.

Grimmia orbicularis (VU)

Abaixo do castelo, pedras, 48° 54,143'; 21°50,020'; 240 m a.s.l., 3 de setembro de 2014.

Colina Humenne Sokol

Vulnerável (VU)

Kindbergia praelonga (VU)

Solo húmido, 48°54,045'; 21°55,653'; 254 m a.s.l., 15 de julho de 2014.

Grimmia orbicularis (VU)

Skalka, registo de terras Chlmec, calcário, 48°53,458'; 21°56,014'; 270 m a.s.l, 4 de setembro de 2014.

Cyrtomnium hymenophylloides (VU)

Caverna Dupna jaskyna, rochas sombreadas, 48°54,06121°55,139'; 360 m a.s.l., setembro 4, 2014.

Risco mais baixo, ameaça próxima (LR:nt)

Fissidens exilis

Raízes do contraforte *Acer campestre,* 48°54,457'; 21°55,820'; 218 m a.s.l., 15 de julho de 2014.

Entodon concinnus

Skalka, registro de terra Chlmec, calcário, 48°53,466' ; 21°56,028'; 270 m a.s.l., 4 de setembro de 2014.

Skalka, registro de terra Chlmec, calcário, 48°53,477' ; 21°56,082'; 260 m a.s.l., 4 de setembro de 2014.

Prados húmidos de Hostovice

Vulnerável (VU)

Callicladium haldanianum

Birchbog, madeira morta, 49º 07.746'; 22°06.789', 332 m a.s.l., 8 de agosto de 2015.

Caudal superior do *riacho Vyrava*

Vulnerável (VU)

Schistidium rivulare

Acima do assentamento Zbojne, pedras no riacho Vyrava, 49°09,168' 22°00,606', 290 m a.s.l., 12 de junho de 2015.

Risco mais baixo, ameaça próxima (LR:nt)

Calliergon giganteum

Acima do Assentamento Zbojne, 49°09,173'; 22°00,607', margem húmida do riacho Vyrava, 290 m a.s.l., 12 de junho de 2015.

Fissidens exilis

Sob o Assentamento Vyrava, amieiro ribeirinho, 49º 11,297'; 22°00,491', 340 m a.s.l., 3 de junho de 2015.

Orthotrichum speciosum

Sob o Assentamento Vyrava, 49° 11,305'; 22°00,497', 340 m a.s.l., 3 de junho de 2015;

A barragem acima de Zbojne, tronco de amieiro caído no fundo nu da barragem, 49°09,245';

22º 00,548', 300 m a.s.l., 23 de junho de 2015.

Pântano minerotrófico Lazky

Risco mais baixo, ameaça próxima (LR:nt)

Dicranum bonjeanii

Pântano minerotrófico, 49° 10,354'; 22º 03,626', 380 m a.s.l., 12 de junho de 2015.

Dados deficientes (DD)

Orthotrichum stramineum

Ecossistema florestal, 49°10,360'; 22°03,559', 400 m a.s.l., 21 de julho de 2015

Agradecimentos

O financiamento deste projeto foi concedido pela Agência Estatal de Proteção da Natureza. O autor agradece a Juraj Platko, Administração da Área de Paisagem Protegida dos Cárpatos Orientais, pelo apoio durante a investigação e a Ivana Zubal'ova e Anna Mackova pela assistência no terreno.

CAPÍTULO 6

RESUMO

A investigação de inventário foi realizada nos sítios Brekov Castle Hill (47 espécies registadas), Humenne Sokol Hill (87 espécies registadas), Upper flow of the Vyrava rivulet (38 espécies registadas), minerotrophic fen Lazky (32 espécies registadas), wet meadows Hostovicke luky, de acordo com a baixa diversidade ecológica registámos apenas 16 espécies de briófitas nos wet meadows Hostovicke luky. Os ecossistemas predominantes na colina do castelo de Brekov são florestas dominadas por carpa (*Carpinus betulus*) e rochas mesozóicas. Prevalece o tipo de área temperada (53,2%), sendo notória uma elevada percentagem de espécies submediterrânicas (10,6%). Na colina de Hunenne Sokol dominam as florestas de carvalho-faia, com ocorrência frequente de briófitos temperados (44,8%). A percentagem de espécies suboceânicas é bastante elevada (8,1%). A maior parte dos prados húmidos de Hostovice forma solos alagados, sendo predominante o arealtyp (sub)boreal (50,0%). No sítio Lazky, os principais habitats são o pântano minerotrófico e a floresta mista de faias e abetos. Prevalece o tipo de área temperada (55,9%). No curso superior do riacho Vyrava, o ecossistema mais difundido é o bosque de amieiros ribeirinhos. O tipo de área temperada é predominante (61,5%). A zona subárctica é representada por Cyrtomnium hymenophylloides, Kindbergia praelonga e Sarmentohypnum sarmentosum. A espécie Kindbergia praelonga ocorre na colina do castelo de Brekov e na colina Humenne Sokol. A espécie Sarmentohypnum sarmentosum foi registada em solos alagados nos prados húmidos de Hostovice. A espécie de montanha Cyrtomnium *hymenophylloides* foi encontrada em rochas sombreadas na gruta de Dupna, na colina Humenne Sokol. É dada especial atenção às espécies europeias protegidas e às espécies incluídas na lista vermelha. No que diz respeito às espécies europeias protegidas, *o Hamatocaulis vernicosus* foi registado nos prados húmidos de Hostovice, a uma altitude de 332 m a.s.l. O musgo não cria tufos, as plantas individuais crescem sobre os tufos de outros musgos. Foram identificadas as seguintes espécies constantes da lista vermelha:

<u>Colina do Castelo de Brekov</u> - Vulnerável (VU) - *Kindbergia praelonga, Grimmia*

orbicularis, Humenne Colina de Sokol -Vulnerável (VU) - *Kindbergia praelonga, Grimmia orbicularis, Cyrtomnium hymenophylloides;* Risco baixo, quase ameaçado (LR:nt) - *Fissidens exilis, Entodon concinnus,*

Prados húmidos de Hostovice - Vulnerável (VU) - *Callicladium haldanianum,*

Caudal superior do riacho Vyrava - Vulnerável (VU) - *Lchistidium* rzvwZare; Risco baixo, quase ameaçador (LR:nt) - *Calliergon giganteum, Fissidens exilis. Orthotrichum speciosum,*

Pântano minerotrófico Lazky - Risco mais baixo, ameaça próxima (LR:nt) - *Dicranum bonjeanii;* Dados deficientes (DD) - *Orthotrichum stramineum.*

Um dever importante das comunidades científicas e de conservação é a preservação das zonas especiais de conservação. A manutenção da estrutura lenhosa é a condição prévia para a preservação das florestas de faias e abetos. A conservação dos ecossistemas das zonas húmidas pressupõe a manutenção de um nível elevado de água subterrânea na área mais vasta, no que diz respeito a todo o sistema hidrológico. A degradação das zonas ribeirinhas pode também levar à expansão de espécies invasoras. O biótopo das arribas, dos escombros e das rochas mesozóicas está relativamente fora de perigo. No futuro, está a ser considerado o desenvolvimento do turismo. No entanto, a visita insuportável às ruínas do castelo de Brekov e a dispersão dos visitantes podem estar na origem de danos nos habitats. Há que ter o cuidado de garantir que os trilhos para caminhadas não atravessam os escombros.

CAPÍTULO 7

REFERÊNCIAS

Bauer, E. 1941: Beitrag zur Kenntnis der Moosflora der Slowakei. Repert. - Spec. Nov. Regni Veget., Berlim, 50: 337-350.

Blackburn, J.M., Blockeel, T.L., Buryova, B., Homm, T., Martin, P., Porley, R.D., Soltes, R. & Whitehous, H.L.K. 1997: British Bryological Society excursion to Slovakia: Listas de sítios. Studie o Tatranskom narodnom parku, 2(35): 169 - 182.

Chalubinski, T. 1886: Enumeratio Muscorum frondosum Tatrensium. Pamietnik fizyjograficzny, 6: 1-207.

Chyzer, K. (1905): Adatok eszaki Mygyarorszag, kulonosen Zemplenmegyes es Bartfa sz. kir. Varos florajahoz. [Bryological data from Hungary, especially from the Zemplin region and Bardejov surroundings]. Magyar Botanikai Lapok, Budapeste, IV/12.

Duda, J. & Vana J. (1979): Die Verbreitung der Lebermoose in der Tschechoslowakei -XXV. Cas. Slez. Mus., Ser. A, 28: 15-31.

Dull, R. 1994a: Deutschands Moose. - 2. Teil. IDH - Verlag, Bad Munstereifel, pp. 211.

Dull, R. 1994b: Deutschands Moose. - 3. Teil. IDH - Verlag, Bad Munstereifel, pp. 256.

Dull, R. & Meinunger, L. 1989: Deutschands Moose. - 1. Teil. IDH - Verlag, Bad Munstereifel - Ohlerath. pp. 368.

Hill, M.O., Bell, N., Bruggeman-Nannenga, M.A., Brugue, M., Cano, M.J., Enroth, J., Flatberg, K.I., Frahm, J.P., Gallego, M. T., Garilleti, R., Guerra, J., Hedena, L., Holyoak, D. T., Hyvo, J., Ignatov, M.S., Lara, F., Mazimpaka, V., Mun, J. & Derstro, L. 2006: Bryological Monograph, An annotated checklist of the mosses of Europe and Macaronesia. Journal of Bryology, 28: 198-267.

Hodgetts, N. G. 1996: Threatened bryophytes in Europe. Anales Inst. Biol. Univ. Nac. Auton. México, Ser. Bot. 67(1): 183-200.

Kubinska, A., Janovicova, K. 1998: Machorasty. In: Zoznam nizsich a vyssich rastlin Slovenska. Eds. Marhold K., F. Hindak F., pp. 297 - 332.

Kubinska, A., Janovicova, K. & Soltes, R. 2001: Cerveny zoznam machorastov Slovenska, pp. 31-43. [Lista vermelha de briófitas da Eslováquia]. In Balaz D., Marhold K.& Urban P. (eds.) Cerveny zoznam rastlin a zivocichov Slovenska. [Lista vermelha de plantas e animais da Eslováquia]. Ochrana prirody 20, pp. 160.

Kucera, J., Vana, J. & Hradilek, Z. 2012: Flora de briófitas da República Checa: lista de verificação e lista vermelha actualizadas e uma breve análise. Preslia, 84: 813-850.

Peciar, V. 1955: Machorasty (Bryophyta) slovenskej casti Pienin [Briófitas da parte eslovaca de Pieniny]. Pr. II. Sekcie Slov. Akad. Vied., Ser. Biol.,1: 1-29.

Peciar, 1970: Studia bryofloristica Slovaciae II. - Ata Fac. Rer. Naur. Univ. Com., ser. Bot., 16: 27 - 35.

Peciar, V. 1985: Studia bryofloristica Slovaciae XIII. Ata Fac. Rer. Natur. Univ. Com., ser. Bot., 32: 47 - 57.

Pujmanova, L., Soldan, Z. & Vana, J. 1990: Bryofloristicke materialy z vychodniho Slovenska: Slanske vrchy, Vihorlat a Zemplinske vrchy [Materiais briofloristícos da Eslováquia Oriental: Slanske vrchy Mts., Vihorlat Mts. e Zemplinske vrchy Hills]. Zpr. Cs. Bot. Spolec, Praha, 25: 39-50.

Rybnicek, K. & Rybnickova, E. 1972: Nalezy vzacnych raselinnych mechorostu na Grave [Descobertas de musgos turfosos raros na região de Orava]. Biologia 27: 795 - 798.

Somogyi, J. 1999: Ochyraea tatrensis (Bryophyta) - distribuição e endargenismo. Biologia 54: 119-120.

Soltes, R. 1999: Bryoflora Narodneho parku Slovensky raj [Briófitas do Parque Nacional do Paraíso Eslovaco]. Ochrana prirody 17: 17 - 29.

Soltes, R. & Bural', M. 2012: Machorasty Polonin [Briófitas das Montanhas Polonínicas]. Natura Carpatica 53: 7-36.

Soltes, R. & Zubal'ova I. 2015: Briófitas das Áreas Especiais de Conservação - Humensky Sokol e Brekovsky hradny vrch (Cárpatos Orientais, Eslováquia). Thaiszia - J. Bot., Kosice, 25 (2): 97-110.

Soltes, R. & Vaha, J. 1995: Eslováquia. In Stewart N. (Ed) Red Data Book of European bryophytes. Comité Europeu para a Conservação dos Briófitos, pp. 291.

Terray, J., 2000: Skusennosti so zabezpecovanim starostlivosti o mokrade v Chranenej krajinnej oblasti Vychodne Karpaty [Experiência com o cuidado de zonas húmidas na Área de Paisagem Protegida dos Cárpatos Orientais]. In: Stanova, V. (ed.) Raseliniska Slovenska. DAPHNE - Institut aplikovanej ekologie, pp. 9598.

Ter Braak, P. & Smilauer, P. 2002: CANOCO reference manual and Cano Draw for Windows user's guide. Software for canonical community ordination (Versão 4.5), Biometris, Wageningen & Ceske Budejovice.

Vana, J. 1986: *Ochyraea tatrensis* gen. et spec. nov., um notável musgo pleurocárpico da Checoslováquia. J. Bryol. 14: 261-267.

CAPÍTULO 8

ENCLOSURES

Anexo 1. Aulacomnium palustre

Anexo 2. Blepharostoma trichophyllum

Anexo 3. Brachythecium salebrosum

Anexo 4. Brachythecium rutabulum

Anexo 5. Climacium dendroides

Anexo 6. Dicranum scoparium

Anexo 7. Ditrichum flexicaule

Anexo 8. Eurhynchium angustirete

Anexo 9. Hypnum cupressiforme

Anexo 10. Hylocomium splendens

Anexo 11. Polytrichum commune

Anexo 12. Polytrichum formosum

Anexo 13. Rhizomnium punctatum

Recinto 14. Rhytidiadelphus squarrosus

Anexo 15. Rhytidiadelphus triquetrus

Anexo 16. Hamatocaulis vernicosus

Anexo 17. Campylium stellatum

Anexo 18. Atrichum undulatum

Anexo 19. Dicranum bonjeanii

Anexo 20. Fissidens adianthoides

Anexo 21. Ctenidium molluscum

Anexo 22. Plagiomnium affine

Anexo 23. Pleurozium schreberi

Invólucro 24. Fundo nu da barragem

Anexo 25. Homalothecium philippeanum

Anexo 26. Muro da barragem

Recinto 27. Leucodon sciuroides

Anexo 28. Rhynchostegium riparioides

More Books!

yes

I want morebooks!

Buy your books fast and straightforward online - at one of world's fastest growing online book stores! Environmentally sound due to Print-on-Demand technologies.

Buy your books online at
www.morebooks.shop

Compre os seus livros mais rápido e diretamente na internet, em uma das livrarias on-line com o maior crescimento no mundo! Produção que protege o meio ambiente através das tecnologias de impressão sob demanda.

Compre os seus livros on-line em
www.morebooks.shop

info@omniscriptum.com
www.omniscriptum.com

OMNIScriptum

MIX
Papier aus verantwortungsvollen Quellen
Paper from responsible sources
FSC® C105338

Printed by Books on Demand GmbH, Norderstedt / Germany